普通高等学校"十四五"规划BIM技术应用新形态教材
1+X建筑信息模型（BIM）职业技能等级证书考核培训教材

BIM全专业建模与信息应用

谢清艳　何新德　李　娟◎主　编
欧阳志　洪　青　肖　毅　曾珍笑子◎副主编
冯　燕　陈　冲　张艳芝　张金保◎参　编

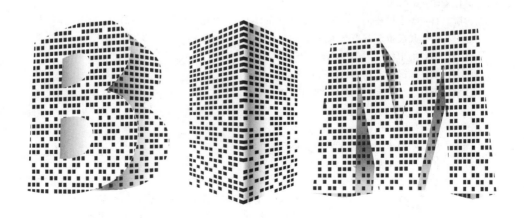

华中科技大学出版社
http://www.hustp.com
中国·武汉

图书在版编目(CIP)数据

BIM 全专业建模与信息应用/谢清艳,何新德,李娟主编. —武汉:华中科技大学出版社,
2022.8(2024.2重印)
ISBN 978-7-5680-8632-5

Ⅰ.① B…　Ⅱ.① 谢…　② 何…　③ 李…　Ⅲ.① 建筑设计-计算机辅助设计-应用
软件　Ⅳ.① TU201.4

中国版本图书馆 CIP 数据核字(2022)第 140966 号

BIM 全专业建模与信息应用　　　　　　　　　　　　　谢清艳　何新德　李　娟　主编
BIM Quanzhuanye Jianmo yu Xinxi Yingyong

策划编辑：胡天金
责任编辑：陈　忠
封面设计：金　刚
责任校对：周怡露
责任监印：朱　玢
出版发行：华中科技大学出版社(中国·武汉)　　电话：(027)81321913
　　　　　武汉市东湖新技术开发区华工科技园　　邮编：430223
录　　排：华中科技大学出版社美编室
印　　刷：武汉科源印刷设计有限公司
开　　本：787mm×1092mm　1/16
印　　张：19.75
字　　数：480 千字
版　　次：2024 年 2 月第 1 版第 2 次印刷
定　　价：59.80 元

前　　言

BIM(building information modeling)技术应用是建筑相关专业必修的基础理论课。BIM 技术目前已经在全球范围内得到业界的广泛认可。BIM 可以帮助实现建筑信息的集成,从建筑的设计、施工、运行直至建筑全寿命周期的终结,各种信息整合于一个三维模型信息数据库中。设计团队、施工单位、设施运营部门和业主等各方人员可以基于 BIM 进行协同工作,有效提高工作效率、节省资源、降低成本,以实现可持续发展。

其中 Revit 是 BIM 系列软件的前沿的设计类软件,打破了传统的二维设计中平、立、剖视图各自独立、互不相关的协作模式。它以三维设计为基础理念,直接采用工程实际的墙体、门窗、楼板、楼梯、屋顶等构件作为命令对象,快速创建出项目的三维虚拟 BIM 建筑模型,而且在创建三维建筑模型的同时自动生成所有的平面、立面、剖面和明细表等视图,从而节省了大量的绘制与处理图纸的时间,让建筑师的精力真正放在设计上而不是绘图上。

本书是指导初学者学习 Revit Architecture 2020 中文版绘图软件的操作教程。本书详细介绍了该软件强大的建筑信息模型创建能力及 BIM 应用知识和技巧,着重培养学生应用 BIM 技术建立整套建筑模型、出图、制作漫游动画的能力,是当下学生需要掌握的软件技术应用能力。本书主要通过一套完整的建筑图纸来学习利用 Revit 软件建模的方法,使学生能熟练运用 Revit 这一软件建模。

1. 本书内容组成

学习单元 1 主要介绍 BIM 的定义、应用价值和应用领域等基本理论,以及 Revit 软件认识。学习单元 2 介绍 Revit 的基础命令和基本操作,建模工作注意事项。从学习单元 3 开始,以一个工程案例为背景设立建筑建模专题、结构建模专题、机电建模专题,以及设计阶段 BIM 表现应用相关内容。学习单元 8 介绍建筑施工图的出图。学习单元 9 介绍族和体量。利用 BIM 技术解决建筑专业建模的思路与方法,构建一个相对完整的从初期设计、专业深化到后期应用的体系,促进学生对 BIM 应用技术建立更全面的认识。

2. 本书特点介绍

本书以 Revit 为基础,选择合适体量的工程案例作为切入点,介绍 BIM 的应用流程和应用要点。每个学习单元均设置知识引导和知识重难点提炼,引导学生在学习中养成用专业工程语言交流的习惯,遵守职业规范准确制图,培养团队协作的职业素养。

每个学习单元内容均分为理论模块和实战模块,便于不同层次学生有选择性地阅读。同时紧跟目前社会上土建行业的热点,围绕 BIM 的拓展应用展开,并增加了 BIM 等级考试的内容。本书知识点全面、语言通俗,既适合初学者快速入门学习,又可满足有一定基础的学生在专业建模方面的更高要求。本书编写团队尝试采用校校联合的方式,参编人员均为学校教学经验丰富的教师,师资力量雄厚,各专业教师全部拥有实战经验,可实现线上预约、视频指导等。

本书由湖南高速铁路职业技术学院谢清艳,湖南建筑高级技工学校何新德,长沙职业技术学院李娟担任主编;湖南高速铁路职业技术学院欧阳志、洪青、肖毅,湖南电子科技职业学院曾珍笑子担任副主编;湖南电子科技职业学院冯燕,湖南建筑高级技工学校陈冲、张艳芝,广联达科技股份有限公司张金保参与编写。全书由谢清艳负责统稿。由于编者水平有限且编写时间仓促,书中难免有疏漏之处,敬请广大读者批评指正。

编　者
2022 年 6 月

目　　录

学习单元 1　Revit 概述

通过本单元的学习,了解 BIM 的概念及价值,清楚 BIM 在企业生产实践中的应用。明白 Revit 建模和表现是 BIM 应用中的一部分,熟悉该软件操作环境,掌握软件中文件的新建、打开、存储方法和基本输入操作,为下一单元的学习打下基础。

◇ **教学要求**

内容	能力目标	知识目标
BIM 概述	认识 BIM	了解 BIM 的定义; 熟悉 BIM 的价值和在企业中的运用
Revit 入门	能够通过对软件系统的参数设置提高绘图效率; 能够熟练开启软件并进行新建、保存等基本操作; 能够熟练运用样板文件进行项目创建	熟悉 Revit 软件操作界面组成; 熟悉 Revit 文件类型和区别; 熟悉 Revit 保存设置、快捷键查阅和修改、背景颜色修改等操作; 掌握 Revit 软件启动方法; 掌握 Revit 软件项目新建、保存方法

1.1　BIM 介绍

1.1.1　概述

BIM 是"building information model"的缩写,即建筑信息模型,是由欧特克公司提出的一种新的流程和技术,是整合整个建筑信息的三维数字化新技术,也是支持工程信息管理的强大工具之一。

从理念上说，BIM 试图将建筑项目的所有信息纳入一个三维的数字化模型中。这个模型不是静态的，而是随着建筑生命周期的不断发展而逐步演进的，从前期方案到详细设计、施工图设计、建造和运营维护等各个阶段的信息都可以不断集成到模型中，因此可以说 BIM 模型就是真实建筑物在电脑中的数字化记录。当设计、施工、运营等各方人员需要获取建筑信息时，例如，图纸、材料统计、施工进度等，都可以从该模型中快速提取出来。BIM 由三维 CAD 技术发展而来，但它的目标比 CAD 更为高远。如果说 CAD 是为了提高建筑师的绘图效率，那么 BIM 则致力于改善建筑项目全生命周期的性能表现并高效进行信息整合。

从技术上说，BIM 不像 CAD 那样，将建筑信息存储在相互独立的成百上千的 DWG 文件中，而是用一个模型文件来存储所有的建筑信息。当需要呈现建筑信息时，无论是建筑的平面图、剖面图还是门窗明细表，这些图形或者报表都是从模型文件实时动态生成出来的，可以理解成数据库的一个视图。因此，无论在模型中进行任何修改，所有相关的视图都会实时动态更新，从而保持所有数据一致和最新，从根本上消除 CAD 图形修改时版本不一致的现象。

当理解 BIM 时，要了解如下几个关键理念。

① BIM 不等同于三维模型，也不仅仅是三维模型和建筑信息的简单叠加。BIM 更关注的是蕴藏在模型中的建筑信息，以及如何在不同的项目阶段由不同的人来应用这些信息。

② BIM 不是一个具体的软件，而是一种流程和技术。BIM 的实现需要依赖于多种（而不是一种）软件的相互协作。如 Revit 创建 BIM 模型，Ecotect 对模型进行性能分析，Navisworks 进行施工模拟等。一种软件不可能完成所有的工作，关键是所有的软件都能够依据 BIM 的理念进行数据交流，以支持 BIM 流程的实现。

③ BIM 不是一种画图工具，而是一种先进的项目管理理念。BIM 的目标是在整个建筑项目生命周期内整合各方信息，优化方案，减少错误，降低成本，最终提高建筑物的可持续性。

④ BIM 不仅是工具的升级，而且是整个行业流程的一次革命。BIM 的应用不仅会改变设计行业内部的工作模式，也将改变业主、设计、施工方之间的工作模式。在 BIM 技术支撑下，设计方能够对建筑的性能有更多掌控，而业主和施工方也可以更多、更早地参与项目的设计流程，以确保多方协作创建更好的设计，满足业主的需求。

BIM 可以将设计、加工、建造、项目管理等所有工程信息整合在统一的数据库中，所以它可以提供一个平台，保证从设计、施工到运营的协调工作，使基于三维平台的精细化管理成为可能。BIM 正在改变企业内部以及企业之间的合作方式。为了实现 BIM 的最大价值，设计人员需要重新思考各专业的设计范围和工作流程，通过协同工作实现信息资源的共享，减少传统模式下的项目信息丢失。

1.1.2 BIM 的价值

建立以 BIM 应用为载体的项目管理信息化，以提升项目生产效率、提高建筑质量、缩短工期、降低建造成本。这些优势具体体现在以下方面。

（1）快速算量，精度提升

BIM 数据库的创建，通过建立 5D 关联数据库，可以准确快速计算工程量，提升施工预算的精度与效率。由于 BIM 数据库的数据粒度达到构件级，可以快速提供支撑项目各条线管理所需的数据信息，有效提升施工管理效率。BIM 技术能自动计算工程实物量，这个属于较传统的算量软件的功能，在国内此项应用案例非常多。

（2）三维渲染，宣传展示

三维渲染动画，给人以真实感和直接的视觉冲击。建好的 BIM 模型可以作为二次渲染开发的模型基础，大大提高了三维渲染效果的精度与效率，给业主更为直观的宣传介绍，提升中标概率。

（3）碰撞检查，减少返工

BIM 最直观的特点在于三维可视化，利用 BIM 的三维技术在前期可以进行碰撞检查，优化工程设计，减少在建筑施工阶段可能存在的错误和返工的可能性，而且优化净空，优化管线排布方案。施工人员可以利用碰撞优化后的三维管线方案，进行施工交底和施工模拟，提高施工质量，同时也提高与业主沟通的能力。

（4）多算对比，有效管控

管理的支撑是数据，项目管理的基础就是工程基础数据的管理，及时、准确地获取相关工程数据就是项目管理的核心竞争力。BIM 数据库可以实现任一时点上工程基础信息的快速获取，通过合同、计划与实际施工的消耗量、分项单价、分项合价等数据的对比，可以有效了解项目运营是盈还是亏，消耗量有无超标，进货分包单价有无失控等问题，实现对项目成本风险的有效管控。

（5）精确计划，减少浪费

施工企业精细化管理很难实现的根本原因在于无法快速准确获取海量的工程数据以支持资源计划，致使经验主义盛行。而 BIM 的出现可以让相关管理人员快速准确地获得工程基础数据，为施工企业制定精确施工计划提供有效支撑，大大减少了资源、物流和仓储环节的浪费，为实现限额领料、消耗控制提供技术支撑。

（6）虚拟施工，有效协同

BIM 具有三维可视化功能，再加上时间维度，可以进行虚拟施工，随时随地直观快速地将施工计划与实际进展进行对比，同时进行有效协同，施工方、监理方甚至非工程行业出身的业主和领导都能对工程项目的各种情况了如指掌。通过 BIM 技术结合施工方案、施工模拟和现场视频监测，大大减少建筑质量问题、安全问题，减少返工和整改。

（7）冲突调用，决策支持

BIM 数据库中的数据具有可计量（computable）的特点，大量工程相关的信息可以为工程提供数据后台的巨大支撑。BIM 中的项目基础数据可以在各管理部门进行协同和共享，工程量信息可以根据时空维度、构件类型等进行汇总、拆分、对比分析等，保证工程基础数据及时、准确地提供，为决策者制订工程造价项目群管理、进度款管理等方面的决策提供依据。

1.2　Revit 入门

◇ 知识引导

　　Revit 软件是实现 BIM 技术的工具之一,本书用 Revit2020 软件完成软件介绍及模型的创建,Revit2020 软件推荐安装在 windows7 以上版本操作系统中,以提高软件的运行速度和数据处理能力。

　　在 Revit 软件中,Revit Architecture 主要针对建筑设计师,Revit Structure 面向结构工程师,Revit MEP 面向结构工程师。在该系列软件中,各专业软件可以相互读取各设计文件,形成完整、全面、协调的建筑信息模型。

　　本节主要讲解 Revit 软件操作入门基本知识,让读者了解 Revit 软件的功能和界面组成,熟悉软件操作环境以及如何设置系统参数、管理文件等知识,为后续系统地学习建模知识打下基础。

　　基础知识点:

　　软件界面的组成和作用,项目样板的作用,项目文件的种类

　　基本技能点:

　　软件启动;项目创建和保存,系统参数设置,基本输入操作

　　操作规范:

　　项目样板的规范应用

1.2.1　Revit 软件启动

　　双击桌面上的 Revit 图标 或者单击 Windows 开始菜单→所有程序→Autodesk 下的 Revit2020 启动软件,进入"最近使用的文件"界面。

　　打开的界面包含系统默认的上下两个模块——模型和族,如图 1-2-1 所示。分别按照时间顺序依次列出最近使用的模型文件或者族文件名称,单击任一文件可以进入该项目。界面的上方有"了解",下拉菜单中包含新特性、基本技能视频、快速入门视频,在网络连接状态下可以查看相关视频进行学习。进入 Revit 操作界面有两种方法:一种是单击上下模块任一文件进入最近使用文件或者样例文件;另一种是单击左侧面板"打开"或"新建"按钮来打开项目。

图 1-2-1 "最近使用的文件"界面

1.2.2 操作环境

操作环境主要指 Revit 软件操作的基本界面、系统参数设置。

（1）操作界面

Revit 操作界面是执行显示、编辑图形等操作的区域，完整的 Revit 操作界面包括文件选项卡、快速访问工具栏、选项卡、上下文选项卡、选项栏、属性面板、项目浏览器、绘图区、视图控制栏、状态栏和 View Cube 等，如图 1-2-2 所示。

操作环境

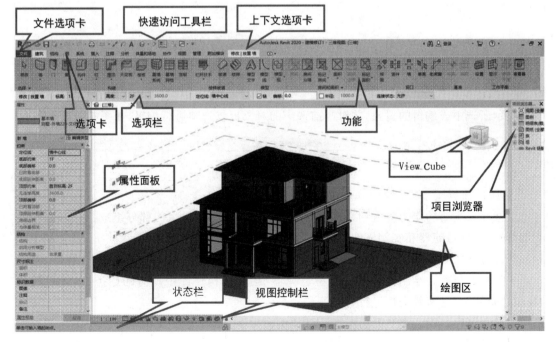

图 1-2-2 操作界面

① 文件选项卡。

应用程序菜单提供对常用文件操作的访问,例如"新建""打开""保存"和"另存为",还允许用户使用更高级的工具(如"导出"和"发布")来管理文件。

② 快速访问工具栏。

快速访问工具栏包含一组常用工具,如图 1-2-3 所示。可以点击下拉菜单按钮 ▼ 对该工具栏进行自定义,通过勾选与否添加或者减少显示功能项。

图 1-2-3　快速访问工具栏

③ 选项卡。

用鼠标单击选项卡的名称,可以在各个选项卡中进行切换,如"建筑""结构"等。每个选项卡中都包括一个或多个由各种工具组成的面板,每个面板都会在下方显示该面板的名称,如图 1-2-4 所示。如"建筑"选项卡由"构建""楼梯坡道""模型"等面板组成,"构建"面板又由"墙""门""窗"等具体的工具组成,通过点击不同的工具来进行模型创建。

图 1-2-4　选项卡

④ 上下文选项卡。

该选项卡提供与选定对象或当前动作相关的工具,如选择"建筑"→"墙体",软件自动切换到"修改|放置墙",表示此时可以进行绘图、编辑或修改,如图 1-2-5 所示。

图 1-2-5　上下文选项卡

⑤ 选项栏。

提示所选中或编辑的对象,并对当前选中的对象提供选项进行编辑,如图 1-2-6 所示。

图 1-2-6　选项栏

⑥ 属性面板。

属性面板主要功能为查看和修改图元属性特征。属性面板由四部分组成:类型选择器、类型属性、属性过滤器和实例属性,如图 1-2-7 所示。

各部分说明如下。

·类型选择器。绘制图元时,"类型选择器"会提示构件库中所有的族类型,并可通过"类型选择器"对已有族类型进行替换调整。

·类型属性。指一类图元的属性,点击"编辑类型"按钮,在弹出的对话框中可以调整所选对象的类型参数,所有同一类型的图元全部修改。

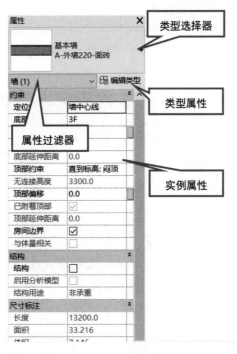

图 1-2-7　属性面板

· 属性过滤器。在绘图区域选择多类图元时,可以通过"属性过滤器"选择所选对象中的某一类对象。

· 实例属性。指单个图元的属性,通过编辑可以改变这一个图元的相应参数。

提示

属性面板开启方式:

① 单击"修改"选项卡→"属性"面板→属性按钮 ▤ ;

② 单击"视图"选项卡→"窗口"面板→"用户界面"下拉列表→"属性"√;

③ 在绘图区域中右击鼠标选择"属性"。

⑦ 项目浏览器。

项目浏览器用于管理整个项目中涉及的视图、明细表、图纸、族、组和其他部分对象,项目浏览器呈树状结构,各层级可展开和折叠。

操作技巧

栏目位置固定:常用的属性面板和项目浏览器栏目一般固定到操作界面的左右两侧,将鼠标按住属性面板不放,拖动该面板至操作界面最左侧直至出现蓝色边界线,松开鼠标,面板自动吸附到边界位置。项目浏览器的位置操作与上述操作相同。

⑧ 视图控制栏。

视图控制栏主要功能为控制当前视图显示样式,包括视图比例、详细程度、视觉样式、日光路径、阴影设置、视图裁剪、视图裁剪区域可见性、三维视图锁定、视图属性、隐藏分析模型,如图 1-2-8 所示。

1 : 100 □ ⬚ ✖ ◗ ✦ ▷ ◗ ▣ ▦ ▦ ◁

图 1-2-8　视图控制栏

⑨ 状态栏。

状态栏用于显示和修改当前命令操作或功能所处状态,主要包括当前操作状态、工作集状态栏、设计选项状态栏、选择基线图元、链接图元、锁定图元和过滤等,如图 1-2-9 所示。

> 提示
>
> 　　通过对详细程度、视图样式类型切换,临时隐藏/隔离、显示隐藏图元的熟练运用,能够为快速准确创建模型提供基础。

单击可进行选择; 按 Tab 键并单击可选择其他项目; 按 Ctrl 键并单击可将新项目添加到选择集; 按 Shift 键并单击 ⊞ ⬚ :0 ⬚ 主模型

图 1-2-9　状态栏

⑩ View Cube。

该工具默认位于三维视图中的右上角,如图 1-2-10 所示,该工具可方便地将三维视图定位至各轴测图、顶部视图、前视图等常用的三维视点。View Cube 立方体的各顶点、边、面(上、下、前、后、左、右)和指南针(东、南、西、北)的指示方向,代表三维视图中的不同视点方向,单击立方体的各个部位,可使项目的三维视图在各方向视图中切换。

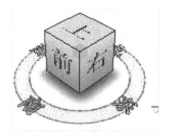

图 1-2-10　View Cube

> 操作技巧
>
> 　　在三维视图下右手按下鼠标滚轮的同时,左手按键盘的 Shift 键也可以进行不同方向视图的切换。

(2)系统参数设置

系统参数设置主要对当前 Revit 操作条件进行设置,为后续操作打下基础。系统参数设置包括常规、用户界面、图形、文件位置、渲染、检查拼写等选项卡的设置。

【操作步骤】

在功能区单击打开“文件”选项卡 文件 ,点击右下角“选项”,在弹出的对话框中进行相关参数的设置,如图 1-2-11 所示。常用选项卡说明如下。

系统参数设置

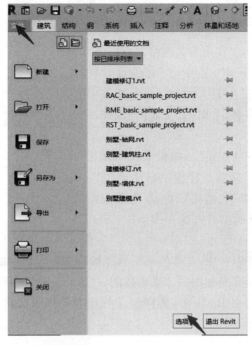

图 1-2-11 参数设置

①"常规"选项卡可以对保存提醒间隔、日志文件清理、工作共享更新频率、默认视图规程进行设置,可根据用户习惯调整系统自动保存文件的时间间隔及数量,通过修改"用户名"来对系统操作人员进行标识。

②"用户界面"选项卡。

工具和分析:可以对 Revit 操作界面选项卡中是否显示"建筑""结构""系统"等进行选择,取消勾选则隐藏该部分功能。

快捷键:自定义系统快捷键,根据用户习惯进行快捷键修改可以大大提高建模速度。

双击选项:双击对象时启动命令设置。

功能区选项卡切换行为:退出选择或命令后的系统界面设置。

③"图形"选项卡。

点击"背景"可以修改绘图区域背景颜色,"警告"指当系统出现系统警告时相关对象的颜色显示。

④"文件位置"选项卡。

项目模板指模板会在创建项目时显示在列表中,可以通过添加按钮 ➕ 增加新的样板。该选项卡也可以修改用户文件默认路径、族样板文件默认路径、点云跟路径。

> 提示
>
> 软件安装好后,新建的项目发现样板文件与其他同学的不一致,一种情况是选用的样板文件不同,另一种是"文件位置"选项卡下所指定的路径中的样板文件不同,可通过点击此处修改。

1.2.3　文件类型

如图 1-2-12 所示,Revit 常用的文件格式有以下几种。

①".rvt"项目文件:在 Revit 中,所有的设计模型、视图及信息都被保存在项目文件中。项目文件包括设计所需的建筑三维模型、平面图、立面图、剖面图及节点视图等。

②".rte"样板文件:在 Revit 中,样板文件功能相当于 AutoCAD 中".dwt"文件。样板文件中含有一定的初始参数,如构件族类型、楼层数量、层高信息的设置等。用户可以自建样板文件并保存为新的".rte"文件。

图 1-2-12　文件格式

③".rfa"族文件:在 Revit 中,基本的图形单元被称为图元,例如在项目中建立的墙、门、窗、文字等,所有这些图元都是使用"族"来创建的。"族"是 Revit 的设计基础。

④".rft"族样板文件:在 Revit 中,族样板文件相当于样板文件,文件中包含一定的族、族参数及族类型等初始参数。

> **提示**
>
> 　　样板文件定义了新建项目中默认的初始参数,不同样板文件中可以设定不同的符合需要的工作环境,包括文字大小及样式、尺寸标注样式、图框、工作界面等,类似施工图中的制图规范。Revit 中创建的项目基于项目样板。

1.2.4　文件管理

在用 Revit 做设计的时候,基本的设计流程是选择项目样板,创建空白项目,确定标高、轴网,创建墙体、门、窗、楼板、屋顶、场地、地坪及其他构件。下面介绍如何创建一个新的项目。

(1)新建文件

【执行方式】

功能区:"文件"选项卡 文件 →"新建"→"项目" 。

快捷键:Ctrl+N。

【操作步骤】

执行上述操作,打开"新建项目"对话框,如图 1-2-13 所示。在该对话框中,首先在"样板文件"下拉选项中 选择样板类型,若创建建筑模型,则选用建筑样板,然后点选"项目"或"项目样板",点击"确定",完成新文件的创建。

图 1-2-13　新建项目

（2）保存文件

【执行方式】

功能区:"文件"选项卡 文件 →"保存"。

快捷键:Ctrl＋S。

【操作步骤】

点击"保存",系统打开选择样板文件提示框,提示保存路径,输入文件名称后点击"确定",完成保存。

（3）文件退出

【执行方式】

功能区:"文件"选项卡 文件 →"退出 Revit";或者直接点击绘图界面上方的"删除"✗。

快捷键:Ctrl＋F4。

【操作步骤】

执行上述操作,若上次保存后文件无变化,则文件直接退出;若上次保存后文件发生变化,则根据系统提示是否进行保存操作。

提示

　　Revit2020 每切换一个视口或者视图都会创建新的视图窗口,采用"删除"✗命令退出文件时,可以使用"快速访问工具栏"中的"关闭非活动视图"按钮 ,一次性快速关闭除当前视图以外的所有视图,且能减少因多视图造成的计算机内存资源占用情况。

1.2.5　基本输入操作

Revit 中选择便捷的操作方式,有利于提高项目设计效率。

（1）绘图输入方式

Revit 提供菜单操作输入,大部分操作也可以通过快捷方式进行。

① 菜单输入:此方式相对比较简单,点击相应菜单,根据命令提示即可完成操作。

② 快捷键:当鼠标停留在工具栏的图标上,会弹出该工具的名称、快捷键和作用,如图 1-2-14 中的"墙（WA）",WA 即墙体组合快捷键。当按下 Alt 键时,系统会提示数字或者

字母,即该菜单的快捷方式。

(2)命令的重复、撤销、重做

① 命令的重复:按 Enter 键可重复上一次操作。

② 命令的撤销:"快速访问工具栏"→"放弃" ⤺;或者 Esc、Ctrl + Z、Alt + Backspace 键。

③ 命令的重做:"快速访问工具栏"→"重做" ⤻;或者 Ctrl+Y、Ctrl+Shift+Z 键。

提示

① 鼠标在工具栏图标上多停留一会,提示栏中还会有动画演示工具的操作过程,方便用户直观地理解。

② 快捷键的修改。

a."文件"选项卡→"选项"→"用户界面"→"快捷键"自定义→找到需要修改的"命令"→"按新键"输入快捷键→"指定"→"确定"。

b."视图"选项卡→"窗口"面板→"用户界面"→与上述步骤相同。

学习单元 2 Revit 软件基本操作

◇ 教学目标

通过本单元的学习,掌握包括对象选择、删除和恢复命令、修改对象命令等常用对象编辑命令的操作。理解手动绘图和 CAD 链接描图的区别,掌握链接、导入和组载入的方法。进行软件操作时,注意与软件界面操作环境的配合,从而提高建模速度和效率。

◇ 教学要求

内容	知识目标	能力目标	素质目标
对象编辑	了解对象编辑的作用; 熟悉对象编辑的种类; 掌握常用对象编辑操作方法	能够熟练运用对齐、镜像、复制、移动、修剪等命令对构件进行编辑	培养认真的读图习惯和耐心、细心的绘图习惯,按步骤规范制图; 通过实践操作带动理论学习,培养主动学习钻研的习惯; 培养团队协作能力
插入管理	了解链接和导入文件的区别; 熟悉链接管理方法、载入方法; 掌握链接文件操作步骤	能够根据项目要求进行链接文件、载入构件等操作	

2.1 对象编辑

◇ 知识引导

本节主要讲解用 Revit 软件创建相关专业模型构件时,如何对已创建的构件进行选择和修改,以达到项目的设计要求。

基础知识点：

对象选择、删除和恢复命令、修改对象命令等常用对象编辑命令

基本技能点：

选择对象操作，掌握对齐、镜像、复制、移动、修剪等命令

2.1.1 选择对象

选择对象

通过鼠标，配合键盘等工具在软件项目中选择需要编辑的对象。

（1）选择设定

在用鼠标选择或框选项目中的图元时，可首先对选择进行相关设定，设定
需要选择的图元种类和状态。根据具体要求启用和禁用这些设定，设定适用于所有打开的
视图。

【执行方式】

功能区："选择"面板→"选择"下拉菜单 选择 ▾ 。

【操作步骤】

执行上述操作，弹出选择设定下拉菜单，如图 2-1-1 所示。各项
说明如下。

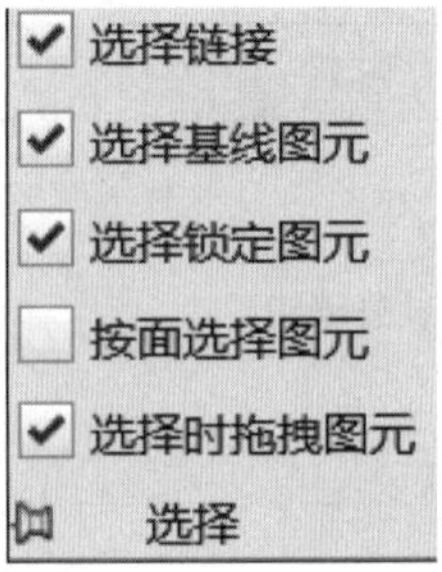

· 选择链接。启用后可选择链接的文件或链接文件中的各个图
元，如 Revit 文件、CAD 文件、点云等。作用同"状态栏"中的 ，不
勾选，则禁止选中。

· 选择基线图元。启用后可选择基线中包含的图元。禁用时，
仍可捕捉并对齐至基线中的图元。作用同"状态栏"中的 。

· 选择锁定图元。启用后可选择被锁定到某一位置且无法移动
的图元。作用同"状态栏"中的 。

图 2-1-1　选择设定

· 按面选择图元。启用后可通过单击内部面而不是边来选择图元。作用同"状态栏"中
的 。

· 选择时拖拽图元。启用后可无须先选择图元即可对其进行拖拽，适用于所有模型类
别和注释类别中的图元。作用同"状态栏"中的 。

（2）单选

通过鼠标对单一图元进行选择。

【操作步骤】

在绘图区域中将光标移动到图元上或图元附近时，该图元的轮廓将会高亮显示，状态栏
上显示图元的说明。鼠标短暂停留后，图元说明也会在光标下的工具提示中显示，如
图 2-1-2 所示。此时单击完成选择，配合 Ctrl 键可对多个对象进行选择。

（3）框选

在 Revit 软件中，可通过框选批量选择图元，操作方式与 AutoCAD 相似。

墙：基本墙：常规 - 200mm

图 2-1-2　图元说明

【操作步骤】

将光标放在要选择的图元一侧，按住鼠标左键对角拖曳光标以形成矩形边界，从而绘制一个选择框。如图 2-1-3 所示，沿箭头方向从左上向右下角拖曳光标，形成的矩形边界为实线框，软件仅选择完全位于选择框边界之内的图元；如图 2-1-4 所示，沿箭头方向从右下向左上拖曳光标，形成的矩形边界为虚线框，软件会选择全部或部分位于选择框边界之内的任何图元。

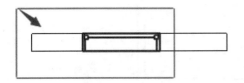

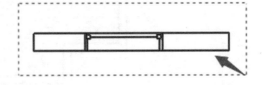

图 2-1-3　局部选择　　　　　　　　　　　　　　图 2-1-4　全部选择

用鼠标框选项目中多种类别图元后，上下文选项卡的选择面板中就会出现过滤器按钮，单击该按钮，将弹出"过滤器"对话框，如图 2-1-5 所示。在该对话框的"类别"选项组下，可以看到选择的各个图元类型，根据实际情况，勾选相关图元类别，完成勾选后单击"确定"按钮返回，勾选的类别图元高亮显示，未勾选的类别图元仍保持原来的状态。

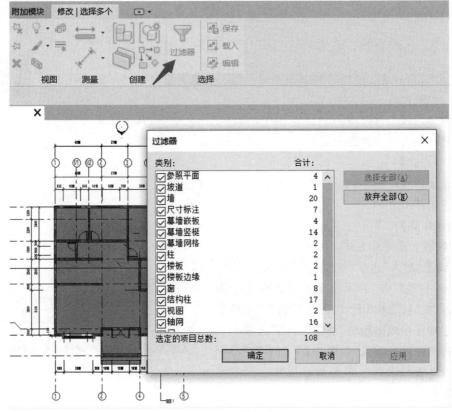

图 2-1-5　过滤器

（4）Tab 键的应用

当鼠标所处位置附近有多个图元时，例如，墙或线连接成一个连续的链，可通过 Tab 键来回切换选择所需要的图元类型或整条链。

【操作步骤】

将光标移动到绘图区域，高亮显示链中的任何一个图元，按 Tab 键，软件将以高亮方式显示预选择对象，单击选择预选择对象，链上图元全部被选中，如图 2-1-6 所示。

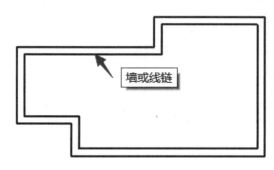

图 2-1-6　选择连续墙

（5）删除和恢复命令

在选择对象时，可以通过删除和恢复命令来调整选择的对象。

① 删除：选择一个或多个图元后，使用 Delete 或 Backspace 键，即可将所选对象删除。也可以在选择对象后，单击鼠标右键，然后执行"删除"命令进行删除操作。

② 恢复：使用 Ctrl＋Z 键，或者使用"放弃" 按钮。

2.1.2　修改对象命令

修改对象

选择图元后，通过使用修改面板中的各类工具来实现对图元对象的调整。

（1）对齐

使用"对齐"工具可将一个或多个图元与选定图元对齐，常用于对齐墙、梁和线图元。

【执行方式】

功能区："修改"选项卡→"修改"面板→"对齐"按钮 。

快捷键：AL。

【操作步骤】

① 执行上述操作方式。

② 设置"对齐"选项栏选项。

勺选"多重对齐"表示将多个图元与多个图元对齐，观察"状态栏"下"当前操作状态"中的说明。对齐墙等多线图元时，注意"首选"选项下拉列表中的选择对齐方式，如图 2-1-7 所示有"参照墙中心线""参照墙面""参照核心层中心""参照核心层表面"四个选项。

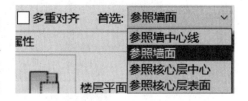

图 2-1-7　对齐选项

③ 执行对齐操作。

先单击对齐参照位置,如轴网、柱边等相关图元线条,再单击需要对齐的对象,选定的图元将移动到与参照位置对齐的位置。若要保持对齐状态,在完成对齐后,可以单击锁定符号来锁定图元对齐关系。

> 提示
>
> 对齐命令,尤其是在链接 CAD 的翻模过程中,要特别注意先后关系,先点击被对齐的图元线条,再点击要移动的图元。

(2)偏移

使用"偏移"工具可以将选定的对象沿着与其垂直的方向进行偏移。

【执行方式】

功能区:"修改"选项卡→"修改"面板→"偏移"按钮 🗕 。

快捷键:OF。

【操作步骤】

① 选择需要偏移的对象。

在绘图区域中,用鼠标选择需要偏移的图元,一个或多个均可。

② 执行上述操作。

③ 设置"偏移"选项栏选项。

偏移方式包括数值方式和图形方式。若要创建并偏移所选图元的副本,勾选"复制"选项。

④ 执行偏移操作。

选择数值方式时,可在偏移选项中设置偏移距离,单击偏移基点,完成偏移命令,如图 2-1-8 所示,虚线表示偏移方向;选择图形方式时,通过单击偏移基点和偏移终点确定偏移距离和方向,完成偏移命令。

图 2-1-8 对齐命令

（3）镜像

使用"镜像"工具可翻转选定图元,或者生成图元的一个副本并翻转其方向。

【执行方式】

功能区:"修改"选项卡→"修改"面板→"镜像-拾取轴" 或"镜像-绘制轴"按钮 。

快捷键:MM/DM。

【操作步骤】

① 选择镜像对象。

在绘图区域中,用鼠标选择需要镜像的图元,一个或多个均可。

② 执行上述操作方式。

单击"修改"面板中的"镜像-拾取轴"按钮或"镜像-绘制轴"按钮。

③ 设置"对齐"选项栏选项。

若要翻转选定项目而不生成副本,则取消勾选选项栏中的"复制"复选框。

④ 执行镜像操作。

若选择"镜像-拾取轴"命令,需选择代表镜像轴的线单击,以完成图元的镜像操作,如图 2-1-9 所示。若选择"镜像-绘制轴"命令,需要在绘图区域中绘制一条临时镜像轴网,以完成镜像操作,如图 2-1-10 所示。

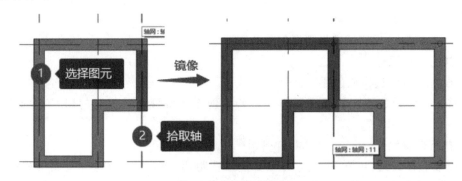

图 2-1-9　镜像-拾取轴

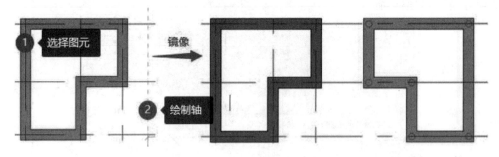

图 2-1-10　镜像-绘制轴

（4）移动

使用"移动"工具可以对选定的图元进行拖曳或将图元移动到指定的位置。

【执行方式】

功能区:"修改"选项卡→"修改"面板→"移动"按钮 。

快捷键:MV。

【操作步骤】

① 选择需要移动的对象。

在绘图区域中,用鼠标选择需要移动的图元,一个或多个均可。

② 执行上述操作方式。

③ 设置"移动"选项栏选项。

约束:勾选"约束"选项可以限制图元沿所选的图元垂直或共线的矢量方向移动。

分开:勾选"分开"选项可在移动前中断所选图元和其他图元之间的关联。

④ 执行移动操作。

在绘图区域中单击一点作为移动的基点,沿着指定的方向移动光标,光标会捕捉到特殊的捕捉点,此时会显示临时尺寸标注作为参考,如果要更为精确地进行移动,输入图元要移动的距离值,再次单击一点作为移动的终点,完成移动操作。

(5)复制

使用"复制"工具来生成选定图元副本,并将它们放置在当前视图中指定的位置。

【执行方式】

功能区:"修改"选项卡→"修改"面板→"复制"按钮 。

快捷键:CO/CC。

【操作步骤】

① 在绘图区域中,用鼠标选择需要复制的图元,一个或多个均可,单击"复制"按钮。

② 设置"复制"选项栏选项。

约束和分开作用与"移动"相同,勾选"多个"选项,可以连续放置多个图元。

③ 执行复制操作。

在绘图区域中单击一点作为复制图元开始移动的基点,将光标从原始图元上移动到要放置副本的区域,单击放置图元副本,或输入关联尺寸标注的值。若勾选了"多个",则可以连续放置图元。完成后按 Esc 键退出复制工具。

(6)阵列

通过"阵列"工具,可以创建一个或多个图元的多个相同实例。

【执行方式】

功能区:"修改"选项卡→"修改"面板→"阵列"按钮 。

快捷键:AR。

【操作步骤】

① 选择需要阵列的对象。

在绘图区域中,用鼠标选择需要阵列的图元,一个或多个均可。

② 执行上述操作方式。

③ 设置"阵列"选项栏选项,如图 2-1-11 所示。

• 阵列方式:根据阵列的形式不同,可以创建选定图元的线性阵列 或径向阵列 。

• 成组并关联:将阵列的每个成员包括在一个组中。如果未选择此选项,软件将会创建指定数量的副本,而不会使它们成组。在放置后,每个副本都独立于其他副本。

• 项目数:指定阵列中所有选定图元的副本总数。

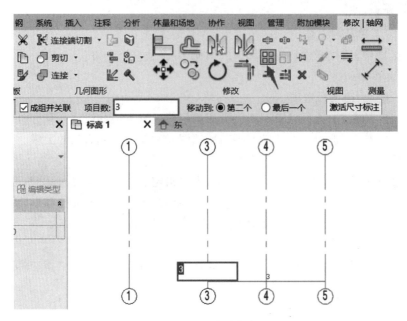

图 2-1-11　阵列命令

·移动到:第二个。指定阵列中每个成员间的间距,其他阵列成员出现在第二个成员之后。

·移动到:最后一个。指定阵列的整个跨度,阵列成员会在第一个成员和最后一个成员之间以相等间隔分布。

·约束:用于限制阵列成员沿着与所选的图元垂直或共线的矢量方向移动。

④ 执行阵列操作。

在绘图区域中单击以指明测量的起点,再次单击以确定第二个图元或最后一个图元位置,可在临时尺寸标注中输入所需距离。单击鼠标或按 Enter 键完成阵列。完成后按 Esc 键退出阵列工具。

(7)旋转

使用"旋转"工具可使图元围绕轴网旋转到指定的位置或指定的角度。

【执行方式】

功能区:"修改"选项卡→"修改"面板→"旋转"按钮 ⟳。

快捷键:RO。

【操作步骤】

① 选择需要旋转的对象,单击"旋转"按钮。

② 设置"旋转"选项栏选项。

·分开:勾选"分开"选项,可在旋转前中断所选图元和其他图元之间的关联。

·复制:勾选"复制"选项,可在旋转时创建旋转对象副本。

·角度:设置旋转角度。

·旋转中心:系统一般默认为图元中心,单击此按钮可重新设置旋转中心。

③ 执行旋转操作。

单击确定旋转基准线位置,按照顺、逆时针左、右滑动鼠标开始旋转。旋转时,会显示临时角度标注,并出现一个预览图像,这时可以用键盘输入一个角度值,按 Enter 键完成旋转,如图 2-1-12 所示。也可以直接单击另一位置作为旋转线的结束,以完成图元的旋转。完成后按 Esc 键退出"旋转"工具。

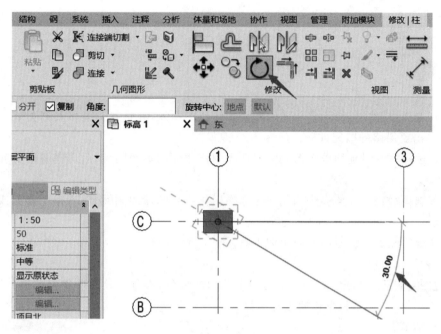

图 2-1-12　旋转命令

(8)修剪延伸

关于修剪和延伸共有三种工具,即"修剪|延伸为角""修剪|延伸单个图元""修剪|延伸多个图元"。使用时根据需要进行选择。

【执行方式】

功能区:

"修改"选项卡→"修改"面板→"修剪|延伸为角"按钮 ;

"修改"选项卡→"修改"面板→"修剪|延伸单个图元"按钮 ;

"修改"选项卡→"修改"面板→"修剪|延伸多个图元"按钮 。

快捷键:TR("修剪延伸为角")。

提示

修剪命令使用较频繁,建议操作者将"修剪|延伸单个图元"和"修剪|延伸多个图元"进行快捷键的自定义。

使用修剪延伸命令时,注意延伸对象和被延伸对象的操作顺序。

【操作步骤】

① 如图 2-1-13 所示,执行各项操作。

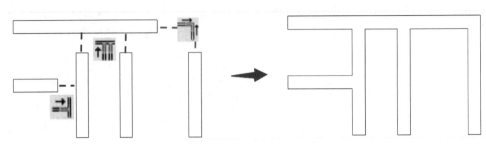

图 2-1-13　修剪延伸命令

② 若选择"修剪｜延伸为角",先选择需要修改的图元,在选择需要将其修剪成角的图元时,确保单击要保留的图元部分。

③ 若选择"修剪｜延伸单个图元",先选择用作边界的参照图元,后选择要修剪或延伸的图元。

④ 若选择"修剪｜延伸多个图元",先选择用作边界的参照图元,后选择要修剪或延伸的多个图元。

⑤ 完成后按 Esc 键退出修剪延伸工具。

(9)拆分

通过"拆分"工具,可将图元分割为两个单独的部分,拆分工具有两种,即"拆分图元"和"用间隙拆分"。使用时根据需要进行选择。

【执行方式】

功能区:

"修改"选项卡→"修改"面板→"拆分图元"按钮 ；

"修改"选项卡→"修改"面板→"用间隙拆分"按钮 。

快捷键:SL(拆分图元)。

【操作步骤】

① 执行上述操作方式。

② 设置"拆分"选项栏选项。

· 删除内部线段:若选择"拆分图元"工具,选项栏上会出现该选项,勾选后软件会删除所选点之间的线段。

· 连接间隙:若选择"用间隙拆分"工具,选项栏上会出现该选项,在"连接间隙"后的文本框中输入间隙值。

③ 单击拆分位置。

a.在图元上单击要拆分的位置,图元拆成两段。

b.在图元上单击要拆分的位置,选择"删除内部线段",则还需再点击另一个点来作为拆分的终点,完成后按 Esc 键退出拆分命令。

(10)缩放

通过"缩放"工具,可以使用图形方式或数值方式来按照相应比例缩放指定的图元。

【执行方式】

功能区:"修改"选项卡→"修改"面板→"缩放"按钮 。

快捷键:RE。

【操作步骤】

在绘图区域中,用鼠标选择需要缩放的图元,一个或多个均可。点击"缩放"按钮。选项栏中若选择数值方式,可在缩放选项中设置缩放比例,单击缩放原点,完成操作;选择图形方式时,通过单击缩放原点分别指定两点以确定缩放基准尺寸和缩放后的尺寸,完成操作。完成后按 Esc 键退出缩放工具。

2.2　插　入　管　理

插入文件

◇ 知识引导

本节主要讲解 Revit 软件中如何链接、导入外部文件,以及在创建模型时相关族的载入方法,对于基础建模而言这是很重要的一步。插入设置时必须特别注意单位的设置,否则会造成项目失真或者匹配错误。

基础知识点:

链接与导入、载入的应用

基本技能点:

链接与导入文件的方法,链接管理,载入方法

操作规范:

导入单位选择、定位方式选择

2.2.1　链接与导入

链接与导入命令均在"插入"选项卡下,如图 2-2-1 所示。链接可以将外部独立文件引用到新的文件中,当外部文件发生变化时,通过更新链接后的文件会与之同步。

图 2-2-1　插入选项卡

(1)链接 Revit 文件

可以从外部将创建好的独立 Revit 文件引用到当前项目中,以便进行相关的检查等协

调工作,比如将结构模型链接进建筑模型中。

【执行方式】

功能区:"插入"选项卡→"链接"面板→"链接 Revit"按钮 。

【操作步骤】

① 单击"链接 Revit"按钮,弹出"导入/链接 RVT"对话框,选择需要链接的对象文件。

② 链接设置。在"定位"下拉列表中,选择项目的定位方式,如图 2-2-2 所示。

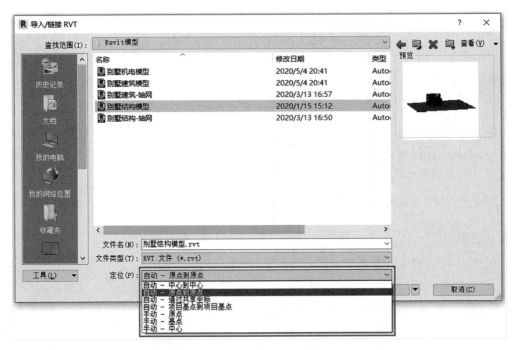

图 2-2-2 链接 Revit 模型

自动:以"自动-中心到中心"为例,指 Revit 以自动方式将链接模型中心放置到当前项目模型的中心,在当前视图中可能看不到此中心点。"自动-原点到原点"指以自动方式将链接模型原点放置在当前项目的原点上。

手动:"手动-原点"指用手动方式以链接模型原点为放置点将文件放置在指定位置。"手动-基点"指以手动方式以链接文件基点为放置点将文件放置在指定位置,仅用于带有已定义基点的 AutoCAD 文件。

③ 单击"打开",将 Revit 文件链接进项目。

(2)链接 CAD 文件

通过链接 CAD 文件,可以将已有的 CAD 文件引用到项目中,在二维平面的基础上进行三维模型的搭建,以达到提高建模效率的目的。

【执行方式】

功能区:"插入"选项卡→"链接"面板→"链接 CAD"按钮 。

【操作步骤】

① 单击"链接 CAD"按钮,弹出"链接 CAD 格式"对话框,如图 2-2-3 所示,找到并选择需要的 CAD 文件。

图 2-2-3 链接 CAD 文件

② 链接设置。

·仅当前视图：勾选后，链接的 CAD 文件只显示在此次导入的视图中，在其他视图中不可见。

·颜色：包含保留、反选、黑白三种选项，指链接进来的 CAD 文件线条颜色的显示方式。

·图层|标高：包含全部、可见、指定三种选项，通过此选项筛选需要导入的对象。

·导入单位：须与导入的文件单位一致，根据我国制图规范一般选择毫米。

·定向到视图：该选项默认处于选择状态，例如，将当前视图设置为"正北"，而"正北"已转离"项目北"，则清除此选项可将 CAD 文件与"正北"对齐。如果选择此选项，则 CAD 文件将与"项目北"对齐，不考虑视图的方向。

·纠正稍微偏离轴的线：对导入文件进行纠偏操作。

单击"打开"完成 CAD 文件的导入。此时文件呈组块状，单击外框即可全选链接文件。

> **提示**
>
> 　链接 CAD 文件前，注意将 CAD 文件拆分成单独的文件，如一层平面图、南立面图等。
>
> 　链接 CAD 文件时，注意修改"导入单位""定位"等参数，勾选"仅当前视图"。
>
> 　CAD 文件链接进项目后，若鼠标无法选中，注意检查"状态栏"的"选择链接"按钮 是否关闭。

（3）链接管理

链接到项目中的 Revit 文件、CAD 文件等，都将在链接管理器中统一管理，可以在链接管理器中对当前项目链接的文件进行相关设置和处理。

【执行方式】

功能区："插入"选项卡→"链接"面板→"管理链接"按钮 。

【操作步骤】

点击"管理链接"按钮，打开"管理链接"对话框。如图 2-2-4 所示，项目中所有链接文件均显示在"链接名称"中。单击某一链接文件，激活对话框下面的功能按钮，就可以对文件进行重新载入、卸载、删除等操作，单击"确定"完成链接管理。

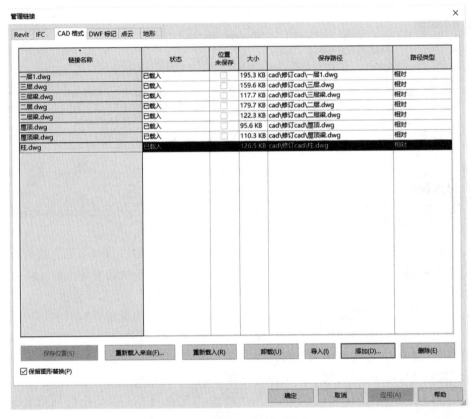

图 2-2-4 "管理链接"对话框

（4）导入

与链接方式不同，导入图元在导入后与源文件失去关联。

① 导入 CAD 文件。

可以将外部创建好的 CAD 文件导入项目中，用于辅助建模，提高建模效率。

【执行方式】

功能区："插入"选项卡→"链接"面板→"管理链接"按钮 。

【操作步骤】

操作步骤与链接 CAD 文件相同。

> **提示**
>
> 　　链接 CAD 文件相当于借用 CAD 文件,如果外部的 CAD 文件移动位置或者删除,Revit 中的 CAD 文件也会随之改变。
>
> 　　导入 CAD 文件相当于直接把 CAD 文件变为 Revit 本身的文件,外部的 CAD 文件变化不会对 Revit 中的 CAD 文件产生影响,但是 CAD 文件会占用项目的容量。

② 其他导入。

导入 gbxml 文件:从外部将 gbxml 格式文件导入项目中,用于辅助设计 HVAC(暖通)系统。

图像的导入与管理:可将 bmp、jpg 格式文件导入项目中,以用作背景图像或创建模型时所需的视觉辅助。

2.2.2　族载入

(1)族的介绍

Revit 族是某一类别中图元的类,是根据参数(属性)集的共用、使用上的相同和图形表示的相似来对图元进行分组。一个族中不同图元的部分或全部属性可能有不同的值,但属性的设置是相同的。

族的类型包含以下三种。

·系统族:在 Revit 中预定义的族,包含基本建筑构件,例如墙、窗和门。

·标准构件族:在默认情况下,在项目样板中载入标准构件族,但更多标准构件族存储在构件库中。

·内建族:可以是特定项目中的模型构件,也可以是注释构件。

族是创建 Revit 项目模型的基础,添加到 Revit 项目中的所有图元都是使用族创建的。这里的族指的是标准构件族,下面介绍如何将外部族文件载入项目中。

(2)从库中载入族

族以 .rfa 格式存储在计算机中,形成一个庞大的族库系统,当在 Revit 中创建项目时,可从族库中查找需要的族文件载入项目中,以完成创建。

【执行方式】

功能区:"插入"选项卡→"从库中载入"面板→"载入族" 📥 。

【操作步骤】

单击"载入族",弹出"载入族"对话框,如图 2-2-5 所示。

单击"打开"按钮将族从库中载入项目中。以载入"普通推拉窗"为例,单击"插入"选项卡→"从库中载入"面板→"载入族",在弹出的对话框中打开"建筑"→"窗"→"普通窗"→"推拉窗",选择需要导入项目的族文件"推拉窗 6"后单击"打开"。载入的族会自动归类,如图 2-2-6 所示。回到"主界面"→"建筑"选项卡→"构建"面板→"窗"按钮,其属性栏中出现新载入的"推拉窗 6",可以直接在项目中使用,如图 2-2-7 所示。

图 2-2-5 "载入族"对话框

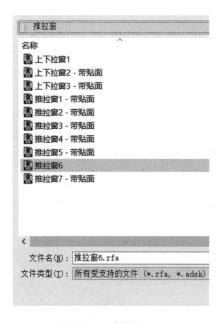

图 2-2-6 选择族

图 2-2-7 族类型选择

(3)作为组载入对象

在 Revit 项目模型创建中,可以将之前创建好的模型文件(rvt 格式)当作组的形式载入当前的项目中使用。

【执行方式】

功能区:"插入"选项卡→"从库中载入"面板→"作为组载入" 🖾 。

【操作步骤】

点击"作为组载入",弹出"将文件作为组载入"对话框,选择需要导入项目中的族文件(rfa 格式)或者组文件(rvg 格式),单击"打开"按钮将族从库中载入项目中。

在项目浏览器的"组"分支下,可以找到刚刚载入的模型文件,选择后直接拖曳到绘图区域即可。

学习单元3　建筑建模

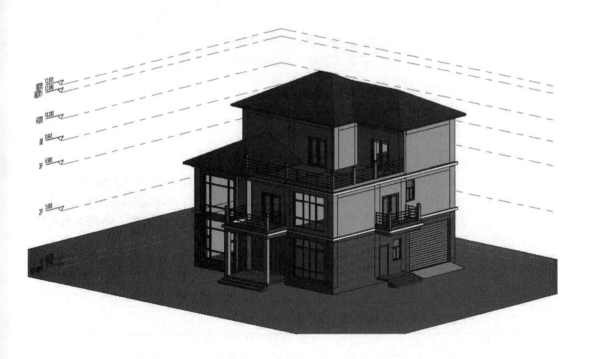

◇ **教学目标**

　　通过本单元的学习,熟悉建筑模型创建步骤,掌握标高、轴网、墙、柱、门窗、屋顶、楼梯、坡道等图元的创建。通过项目的实操实练,学生可加深对建筑理论知识的理解,拓展对建筑空间的想象。在创建过程中发挥学生的主观能动性,摸索不同的建模方式并灵活运用,精确、快速完成模型。

　　创建模型时,应注意遵守制图规范,遵循"由整体到局部"的原则,从整体出发,逐步细化,完善模型。

◇ 教学要求

内容	知识目标	能力目标	素质目标
标高	了解标高族在项目中的作用； 熟悉标高族属性参数含义； 掌握标高族的创建和绘制方法	能够灵活编辑并创建不同标高族类型，根据项目要求快速准确创建标高	培养耐心、细心的绘图习惯，规范制图；培养发现问题和提出问题的能力，培养团队合作能力
轴网	了解轴网族在项目中的作用； 熟悉轴网族属性参数含义； 掌握轴网族的创建和绘制方法	能够灵活编辑并创建不同轴网族类型，根据项目要求快速准确创建轴网	
墙体	了解墙体构造组成； 熟悉墙体族类型的选择和墙体绘制步骤； 熟悉墙体的绘制和编辑方法； 掌握墙体的创建和编辑	能够根据项目要求进行墙体属性的定义； 能够根据项目要求进行墙体的创建与定位； 能区分墙饰条与分割条，并在项目指定位置进行创建	通过实践操作带动理论学习，培养主动学习钻研的习惯。培养细心、踏实的绘图习惯
建筑柱	了解建筑柱与结构柱的区别； 掌握建筑柱族类型的添加； 掌握建筑柱族的选择与放置方法	能够根据项目要求进行建筑柱的创建与准确定位； 能够灵活创建多种类型的建筑柱	培养耐心、细心的绘图习惯，规范制图
门窗	了解门、窗的类型与作用； 熟悉门、窗族类型的选择； 掌握门、窗族的放置方法； 掌握门、窗族的标记	能够根据项目要求进行门、窗类型的创建； 能够根据项目要求对门、窗进行准确定位，并进行门窗标记； 能区分普通窗和高窗	培养耐心、细心的绘图习惯，规范制图。培养思考问题、解决问题的综合能力

续表

内容	知识目标	能力目标	素质目标
楼板	了解建筑楼板、结构楼板、面楼板、楼板边缘的含义； 熟悉楼板族的类型属性和实例属性； 掌握建筑楼板的常用绘制方法； 掌握建筑楼板的放坡方法	能够根据项目要求进行楼板属性的定义； 能够准确创建楼板； 能够创建有坡度的楼板； 能够根据放坡要求进行楼板子图元的修改	规范制图,操作严谨,培养学生细心、踏实的绘图习惯
楼梯	了解楼梯构造组成； 熟悉楼梯族类型属性和实例属性； 掌握构建楼梯的创建与编辑； 掌握草图楼梯的创建和编辑； 掌握多层楼梯的创建	能够区分构建楼梯和草图楼梯的应用范围； 理解楼梯参数,能够准确进行楼梯属性编辑； 能够根据项目要求快速创建楼梯； 能够创建多层楼梯	规范制图,培养学生细心、踏实的行为规范。设置难点,培养探索学习的习惯
坡道	熟悉坡道属性设置； 掌握坡道创建和编辑方法	能够创建并绘制不同坡度的坡道	引导学生发现问题和提出问题,培养创新思维能力
台阶	熟悉台阶的属性设置； 掌握多种台阶类型绘制方法	能够创建台阶轮廓族； 能够利用楼板边缘绘制台阶	
栏杆、扶手	熟悉栏杆、扶手属性设置； 掌握栏杆类型编辑； 掌握栏杆、扶手绘制方法	能够根据项目要求进行栏杆、扶手类型的创建； 能够准确快速绘制栏杆、扶手	
屋顶	了解屋顶的构造组成； 熟悉屋顶的属性设置； 掌握屋顶的三种绘制方式； 掌握老虎窗的创建方法	能够区分拉伸、迹线、面屋顶； 能够准确定义屋顶坡度； 能够根据项目要求准确创建并快速绘制平屋顶和坡屋顶； 能够快速创建老虎窗等屋顶构件	通过对比,培养多样化思考的习惯；通过实践操作带动理论学习,培养主动学习钻研新技术的习惯

续表

内容	知识目标	能力目标	素质目标
幕墙	了解幕墙族的特点和类型； 熟悉幕墙的属性设置； 掌握线性幕墙网格、竖梃的创建和编辑； 掌握幕墙上门窗嵌板的添加	理解幕墙与普通墙体的区别； 能够运用自动或手动方式进行幕墙参数设置并准确创建； 能够根据项目要求插入门窗嵌板并进行标记	规范制图，培养学生细心、踏实的绘图习惯；设置难点，培养探索学习的习惯

3.1 标 高

◇ 知识引导

本节主要讲解建筑模块中标高的实际应用操作。标高是建筑物某一部位相对于基准面（标高的零点）的竖向高度，是竖向定位的依据。其准确程度直接决定了各个专业间的协调性，也是 Revit Architecture 平台上各个专业间模型交换的主要标准，因此标高创建和编辑的规范性、准确性关系到整个项目模型的精确性。

基础知识点：

标高的属性参数；标高符号的组成

基本技能点：

标高的创建；标高符号编辑；楼层平面显示

操作规范：

标头的设置

3.1.1 创建标高

这里所创建的标高高度通常指的是所建项目的层高，标高的单位为 m。

【执行方式】

功能区："建筑"选项卡→"基准"面板→"标高"。

快捷键：LL。

【操作步骤】

① 展开项目浏览器下的"立面"分支,如图 3-1-1 所示。双击"东""西""南""北"任一立面,系统将跳转到该立面视图。

② 选择标高类型。

③ 设置标高属性参数。

点击标头,在属性框下拉菜单中选取对应标头,如图 3-1-2 所示。单击属性框中的"编辑类型"按钮,打开"类型属性"对话框,如图 3-1-3 所示,在该对话框中可以修改标高的其他参数信息。

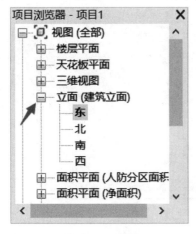

图 3-1-1　立面

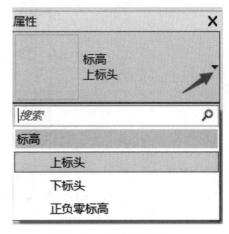

图 3-1-2　标高类型选择

④ 设置放置标高选项栏。

⑤ 完成创建。

单击基准面板中的标高按钮,弹出"绘制标高"上下文选项卡,选择控制面板中的"直线" ◢ 命令,将鼠标移动到绘图区域,输入新建标高的高度值,水平移动鼠标至标高的另一端点,单击完成创建。

3.1.2　标高的修改

除手动绘制标高外,当楼层标高数量较多或相邻标高间距一样时,可以采取复制、阵列等方式快速创建,以达到快速建模的要求,同时可对标高形式进行修改。

【操作步骤】

选择某一标高,标高符号由标头和标高线组成。标头包含标高的标头符号样式 ▽ 、标高值(±0.000)、标高名称(标高 1)等信息。标高线反映标高对象投影的位置和线型表现。

若不勾选隐藏编号勾选框,则该端点符号会被隐藏,功能与图 3-1-3 中"类型属性"中端点 1/2 处默认符号后面的复选框一样。

在对齐约束锁定的情况下,单击拖曳端点空心圆圈不松手,左右滑动鼠标,可以看到对齐约束添加线上的所有标高都跟随拖动;若只想拖动某一条标高线的长度,点击小锁解锁对齐约束,然后再进行拖曳。

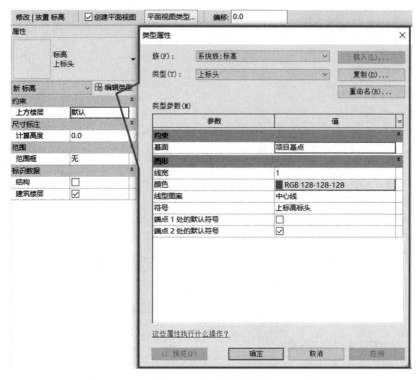

图 3-1-3　标高类型属性

　　某些情况下,如两根标高线距离过近,需要对标高的端点符号进行转折处理,可单击如图 3-1-4 中"添加弯头"位置符号完成转折,转折幅度均可通过拖曳达到满意的效果。

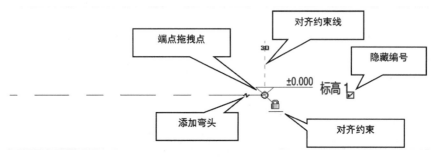

图 3-1-4　标高的修改

3.1.3　实操实练——别墅标高创建

　　① 在"新建项目"对话框中的"样板文件"下拉选项中选择"建筑样板",单击"确定"进入软件绘制界面,如图 3-1-5 所示。

　　② 在项目浏览器中,展开立面目录,双击任一立面名称进入立面视图。

　　③ 编辑参数。新建项目一层层高为 3.6m,默认的标高 2 为 4.000,因此需要修改尺寸。单击选中标高 2,再点击数字 4.000,在弹出的框中输入 3.6,如图 3-1-6 所示。按 Enter 键或者点击空白处确认。

别墅标高的创建

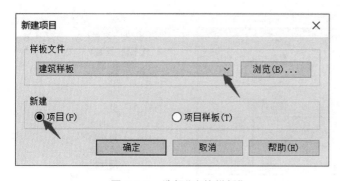

图 3-1-5　选择"建筑样板"

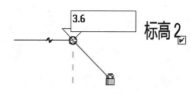

图 3-1-6　修改标高

④ 复制标高：选中标高 2(3.600)，单击"复制" 按钮，勾选"约束""多个"复选框，如图 3-1-7 所示；再次点击标高 2，垂直向上拖动并使用键盘输入 3300，按 Enter 键；继续输入 3300，按 Enter 键；继续输入 2100，按 Enter 键。然后鼠标点击空白处，完成标高 3(6.900)、标高 4(10.200)、标高 5(12.300) 的创建。同理，选中标高 1(±0.000)，向下复制标高 6(-0.450)。再将标高 6 标头改为"上标头"。

图 3-1-7　复制标高

⑤ 修改标高名称：双击每条标高端点处的名称，将标高名称按照对应的楼层位置进行修改，如室外地坪(-0.450)、1F(±0.000)、2F(3.600)、3F(6.900)、闷顶层(10.200)、屋顶层(12.300)。因室外地坪与 1F 距离过近，需要给室外地坪标高添加弯头，如图 3-1-8 所示。若修改过程中弹出"是否希望重命名相应视图"，点击"是"。

⑥ 楼层平面显示：按照视图→平面视图→楼层平面的顺序打开"新建楼层平面"对话框，如图 3-1-9 所示。选中所有标高，单击"确定"，完成所有楼层平面的显示任务。

⑦ 完成标高创建：展开项目浏览器下的楼层平面目录，查看已生成的楼层平面是否均已完成，如图 3-1-10 所示。保存项目，命名为"别墅-标高"，完成标高创建。

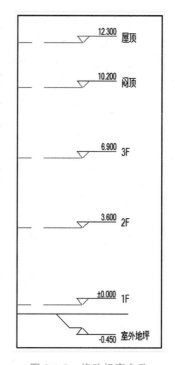

图 3-1-8　修改标高名称

图 3-1-9　新建楼层平面　　　　　　　　　　　图 3-1-10　楼层平面目录

> **提示**
>
> 　　通过复制和阵列方式创建的标高,标高会自动进行编号,绘制的标高标头为蓝色,而复制和阵列的标高标头为黑色。默认情况下,绘制的标高会同时产生相应的平面视图,而复制和阵列的标高不会产生平面视图,需通过视图菜单单独生成。
>
> 　　标高标头的样式是由样板文件决定的,标高 1 默认标头为正负零标头,若以标高 1 作为参考复制的新标高,标头也是正负零形式,需要通过“属性”下拉菜单对标头进行修改。

3.1.4　真题实训

某建筑共 50 层,其中首层地面标高为 ±0.000,首层层高 6.0 m,第二至第四层层高 4.8 m,第五层及以上均层高 4.2 m。请按要求建立项目标高,并建立每个标高的楼层平面视图。最终结果以“标高”为文件名保存为样板文件。(第三期全国 BIM 技能等级一级考试真题)

1+X:建筑信息　　　　　　　真题讲解(标高)

模型(BIM)职业技能

等级证书介绍

3.2　轴　　网

◇ 知识引导

　　本节主要讲解建筑模块中轴网的实际应用操作。轴网是模型创建的基准和关键所在，用于定位柱、墙体等承重构件，在 MEP 中，设备族的定位也和轴网有密切的关系。轴网和标高的准确性直接决定了各个专业间的协调性，也是 Revit Architecture 平台上各个专业间模型交换的主要标准，因此轴网创建和编辑的规范性、准确性关系到整个项目模型的精确性。依据轴网的编号规则，提高绘图速度，轴网的绘制顺序宜从左往右、从下往上。

　　基础知识点：

　　轴网的属性参数含义；轴网符号的组成

　　基本技能点：

　　轴网的创建、编辑，轴网的绘制

　　操作规范：

　　轴网的差异显示；异形轴网的创建

3.2.1　轴网的创建

　　标高创建完成后，可以切换至任意平面视图（如楼层平面视图）来创建和编辑轴网。

轴网的
创建与修改

　　【执行方式】

　　功能区："建筑"选项卡→"基准"面板→"轴网"。

　　快捷键：GR。

　　【操作步骤】

　　① 通过项目浏览器双击某楼层平面，将视图切换至对应标高平面，如标高1、1F 等。

　　按执行方式单击"轴网"，在弹出的"放置轴网"上下文选项卡中，如图 3-2-1、图 3-2-2 所示，选择绘制面板中的直线、弧线、圆心-端点弧、拾取线或多段网络命令，其他设置为默认。

图 3-2-1　创建轴网

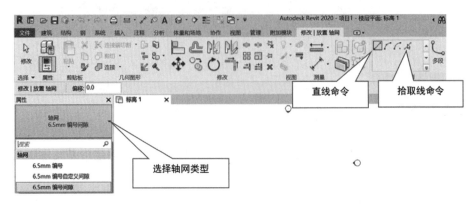

图 3-2-2　修改|放置轴网

② 选择轴网类型。

在"属性"对话框的"类型选择器"下拉菜单中选择轴网的类型，如图 3-2-2 所示。

③ 设置轴网属性相关参数。

单击属性框中"编辑类型"按钮，在弹出的"类型属性"对话框中修改轴网其他参数信息，如轴网的颜色、符号等，如图 3-2-3 所示。

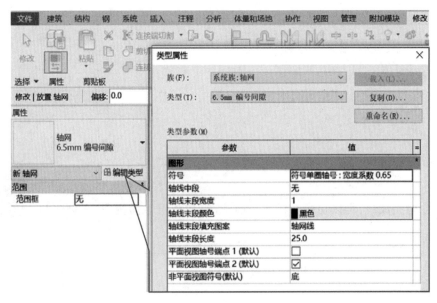

图 3-2-3　类型属性

④ 设置轴网选项栏。

偏移量：设置实际绘制轴网与绘制参照线之间的距离。

⑤ 绘制轴网。

方法一：手动绘制。选择"直线"或"弧线"工具，在绘图区域单击空白处绘制轴网的起点，向上或向右滑动鼠标到另一位置，再次单击确定轴网的终点，按 Esc 键退出绘制状态。按照制图规范要求横向定位轴线为阿拉伯数字从左到右、纵向定位轴线为大写拉丁字母从下往上的绘制顺序来创建轴网。

方法二：拾取 CAD。轴网可以通过"拾取线"命令 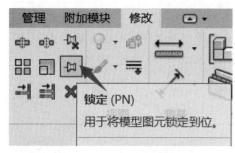 快速创建，主要通过导入 CAD 图，拾取 CAD 图中的轴网来创建轴网。点击"轴网"按钮，在弹出的上下文选项卡中，选择绘制面板中的"拾取线"命令，如上图 3-2-2 所示。找到 CAD 中的对象线条，单击该线条拾取生成新的轴网。

⑥ 锁定轴网。

完成轴网绘制后，为避免绘制其他图元时删除或移动轴网，可锁定轴网。框选轴网，进入"修改"面板，单击锁定图标 ，如图 3-2-4 所示。锁定后，将不能对轴网进行移动、复制、删除等操作，但可以修改轴号名称和轴号位置等信息。若要对轴网进行操作，必须先点击解锁图标 进行解锁，如图 3-2-5 所示。若只解锁某根轴线，可在绘图区域选中该轴线后点击其锁定符号 进行解锁。

图 3-2-4　图元锁定

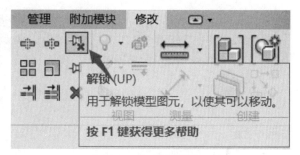

图 3-2-5　图元解锁

提示

① 轴网应在平面视图中绘制，按住 Shift 键可约束正交。

② 轴网绘制时，应绘制在平面视图默认的四个立面图标范围内，否则将造成立面图显示不完整。

③ Revit 轴网名称具有继承性，如前一条轴网是 1，再绘制的轴网即 2、3、4……系统不允许出现重复的名称，若绘制过程中提示"所输入的名称已经在使用，请输入一个唯一的名称"，则表示已有该轴号，需要修改轴网名称。

3.2.2　轴网的修改

轴网的创建和标高的创建有很多相似之处，仍然可以采取复制、阵列等方式快速创建轴网，以达到快速建模的要求，同时可以对已建轴网进行调整。

【操作步骤】

选择一根轴网，修改该轴网的类型属性，各符号所表示的意义如图 3-2-6 所示。轴网的修改与标高一样，每个符号所表达的意思一致。

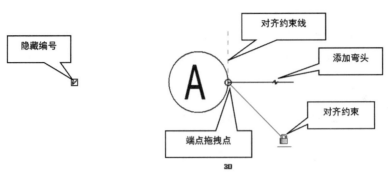

图 3-2-6　轴网的修改

3.2.3　实操实练——别墅轴网创建

① 打开"别墅-标高"项目,在项目浏览器下展开楼层平面目录,双击"1F"名称进入建筑一层楼层平面视图。先根据项目要求创建轴网类型,再进行绘制。

别墅轴网创建

② 编辑轴网类型。

单击"建筑"选项卡→"基准"面板→"轴网"按钮,在属性栏中点击"编辑类型",在弹出的"类型属性"中点击"复制",命名为"别墅-轴网",轴网中段为"连续";轴线末端颜色为"红色";"平面视图轴号端点 1""平面视图轴号端点 2"后方框内均打"√",其他为默认值,单击"确定"返回,如图 3-2-7 所示。

③ 绘制轴网。

轴网属性为"别墅-轴网",在四个立面符号 ◯ 绘图区域内,从下往上通过点击鼠标绘制横向定位轴线①,采用同样的方法,往右 4800 mm 处绘制第二根轴线②,继续向右 2700 mm、1200 mm、4500 mm 处绘制轴线③④⑤,然后鼠标点击空白处退出绘制状态。采用同样的方式绘制纵向定位轴线,在绘图区域左侧空白处单击,然后往右拖动鼠标至终点,生成的轴线默认轴号为⑥,双击该轴号,键盘输入"A",将其修改为轴线Ⓐ,如图 3-2-8 所示。然后向上移动鼠标分别输入"4500""600""2500""1800""3400",完成轴线ⒷⒸⒹⒺⒻ的绘制,按 Esc 键或单击空白处退出绘制状态。完成如图 3-2-9 所示的轴网绘制。

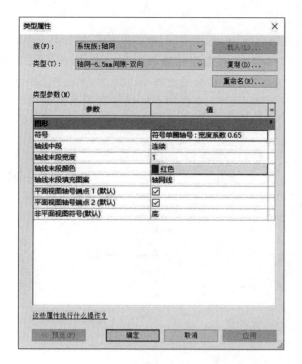
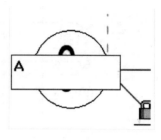

图 3-2-7　类型属性编辑　　　　图 3-2-8　修改轴号

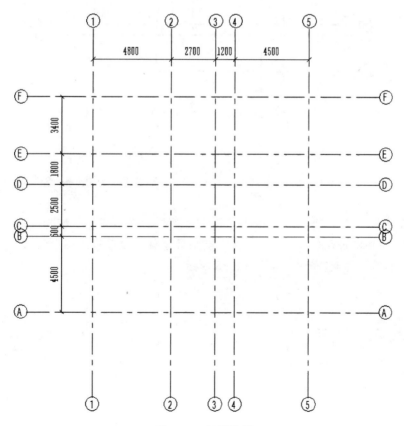

图 3-2-9　轴网绘制

④ 绘制附加轴网,如图 3-2-10 所示。

运用相同的绘图方式,在①轴线起点右侧 2200 mm 处绘制轴线,默认轴号为 G,双击轴号修改为 ⑴/⑴ ,在该轴线右边 1300 mm 处绘制轴线,双击轴号修改为 ⑵/⑴ ,同理,在④轴线右侧 900 mm 处绘制轴线 ⑴/⑷ ,在 Ⓐ 轴线下方 2100 mm 处绘制轴线 ⓪/Ⓐ ,在 Ⓐ 轴上方 600 mm 处绘制轴线 ⑴/Ⓐ ,在 E 轴上侧 2200 mm 处绘制轴线 ⑴/Ⓔ 。完成所有轴线绘制后单击空白处退出绘制轴线模式。

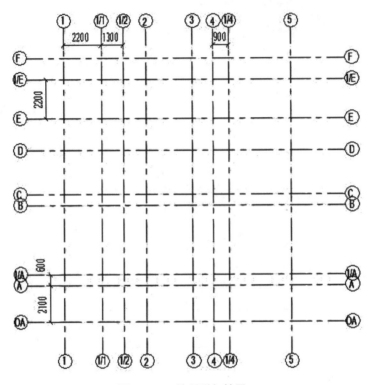

图 3-2-10　绘制附加轴网

⑤ 修改轴网。

a. 添加弯头。 Ⓐ 与 ⑴/Ⓐ 轴号距离太近,选中 ⑴/Ⓐ 轴线后,点击 弯头图标 给 ⑴/Ⓐ 添加弯头,如图 3-2-11 所示。

b. 隐藏轴号。选中轴线 ⑴/⑴ ,单击下轴号(终点)"隐藏编号"复选框,不勾选 ☑,如图 3-2-12 所示,并将同方向 ⑵/⑴ 、③、⑴/⑷ 轴终点编号隐藏。然后将④轴上编号、Ⓑ轴左编号、 ⓪/Ⓐ ⑴/Ⓐ Ⓒ ⑴/Ⓔ 右编号隐藏,完成后如图 3-2-13 所示。

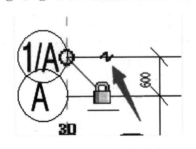

图 3-2-11　添加弯头

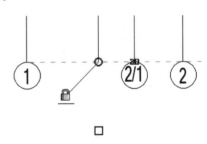

图 3-2-12　隐藏轴号

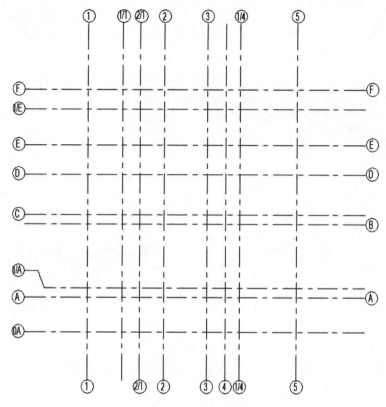

图 3-2-13　轴号隐藏效果

　　c.修改单根轴线长度。鼠标选中纵向轴线⑴/⒈单击下方轴号处小锁 🔒,显示打开 🔓,则其约束状态解除,如图 3-2-14 所示。向上拖动端点 ⊙ 至轴线①附近,松开鼠标完成⑴/⒈轴长度修改。采用相同的操作方法分别向上拖动轴线⒉/⒈③、⒈/④起点至与⑴/⒈起点对齐,出现蓝色对齐约束线时松开鼠标。同理,修改横向定位轴线⓪A、⒈/A、⒈/B、Ⓑ长度至如图 3-2-15 所示。完成后鼠标单击空白处退出绘图模式。

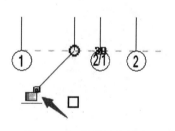

图 3-2-14　解除端点约束

　　⑥ 修改影响范围。

　　第⑤步完成后的轴网修改,在 2F 等其他楼层标高中会显示原始状态,需要修改其影响范围。选中所有轴网,点击"修改"下"影响范围" 🖼 按钮,勾选 2F、3F、闷顶、屋顶后,点击"确定"返回绘图区域,如图 3-2-16 所示。此时勾选的楼层轴网显示与 1F 相同,完成影响范围修改。

　　⑦ 完成所有轴网绘制后,全选并锁定,避免后期建模操作时的误动。保存项目,命名为"别墅-轴网",完成轴网创建。

轴网可以通过绘制完成,也可以通过复制完成,同类型多次复制可以勾选"约束"和"多个"复选框,提高画图速度。

步骤中通过调节属性一次性完成单轴号轴网的绘制,Revit 绘图时方法有许多种,可以多摸索、多总结,提高对软件的理解。

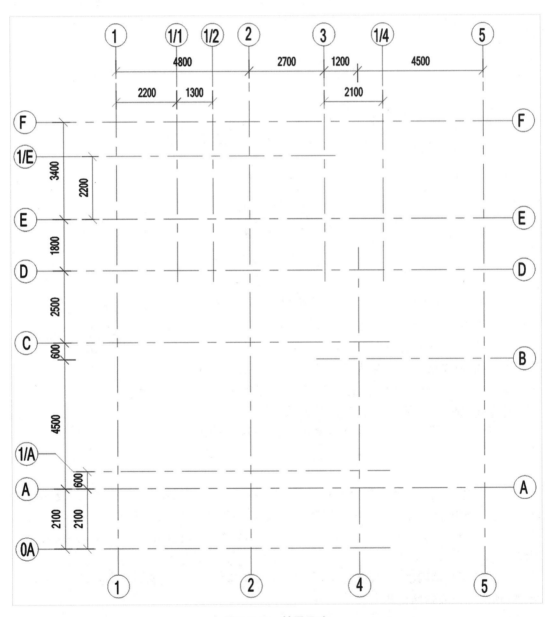

图 3-2-15　轴网尺寸

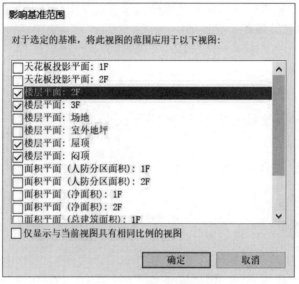

图 3-2-16　解除端点

3.2.4　真题实训

根据下图给定的数据创建标高轴网,显示方式参考下图。请将模型以"标高轴网"为文件名保存为样板文件。(第九期全国 BIM 等级技能考试一级真题)

真题讲解
(标高轴网)

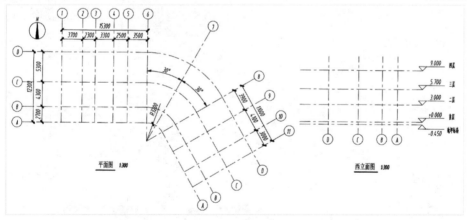

3.3　墙　　体

◇ 知识引导

在 Revit Architectrue 2020 中,墙体的建模方法灵活多样,复杂多变。本节首先介绍墙体的构造功能层次,再讲解基本墙和叠层墙的创建方法,通过别墅项目的练习,熟练掌握墙体的多种创建方法,并完成项目墙体部分建模。建模过程中应注意墙体图元"信息"的规范性,便于后期 BIM 信息管理和工程量统计。

基础知识点:

墙体的类型;墙体构造组成;墙体的属性参数含义

基本技能点:

墙体的绘制方法,墙体的编辑,墙饰条、分隔缝创建

3.3.1 墙体构造

墙体构造

【执行方式】

功能区:"建筑"选项卡→"基准"面板→"墙"下拉菜单→"墙:建筑"。

快捷键:WA。

【操作步骤】

① 执行上述操作,单击"墙:建筑"。

② 基本墙构造设置。

编辑墙体构造层次:单击属性框中的"编辑类型"按钮,打开"类型属性"对话框,如图 3-3-1 所示,系统默认墙体已有结构部分,可通过"插入"其他功能层来完善墙体实际构造。

图 3-3-1 墙体类型编辑

添加墙体构造层次:单击选中"结构[1]" 结构 [1] 功能行,点击"插入"按钮,此时选择行上面出现新的添加行,如图 3-3-2 所示。点击"向上""向下"按钮,使添加行移动到核心边界外侧。在添加行功能下拉菜单中选择类型,同理添加其他功能行,如图 3-3-3 所示,墙体构造层次完成效果如图 3-3-4 所示。

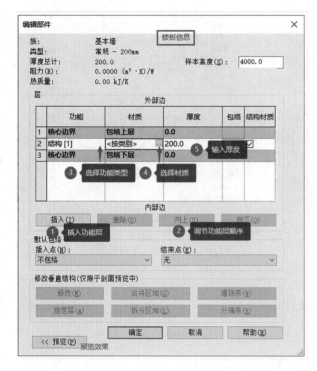

图 3-3-2　编辑部件

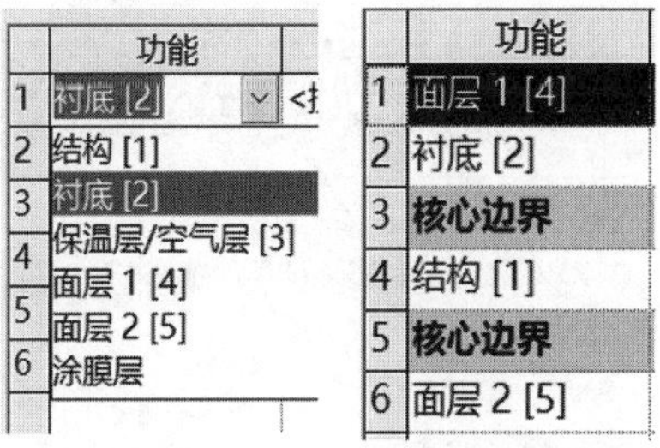

图 3-3-3　添加功能行

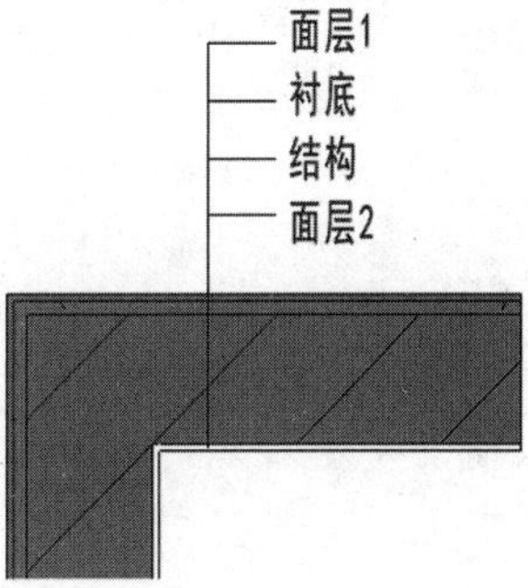

图 3-3-4　墙体构造层次

添加墙体材质:完成墙体的构造层次后,需要对每个层次赋予相应的材质,使得墙体显示更加真实的效果,这也是信息化模型的重要一步。如图 3-3-5 所示,单击材质面板下的"〈按类别〉",出现 ⋯ 按钮,弹出"材质浏览器"对话框。在列表中搜索各功能行对应的材质,如果列表中没有,可以将下方材质库 材质库 ⌃ 展开,进行搜索并选择,注意找到所需材质后,必须点击 ⬆ 按钮,将材质添加进"项目材质"中方可使用,如图 3-3-6 所示。或者单击 ⊕· 按钮添加新材质,在右边的材质属性框中会显示当前材质的各种参数信息,包括颜色、外观、物理特征等,部分参数可以自行设置,完成后点击"确定"按钮,完成材质添加。

输入墙体构造层次厚度后,单击"确定",完成墙体构造设置。

③ 叠层墙构造设置。

叠层墙为基本墙体叠加而形成的复合墙体。

单击"墙:建筑",点击属性中的"编辑类型",弹出"类型属性"对话框,在"族"下拉选项中选择"叠层墙",系统默认"类型"为"外部-砌块勒脚砖墙",如图 3-3-7 所示。单击"编辑",弹出"编辑部件"对话框。点击"插入",并在名称列表中选择对应的墙体对象作为本复合墙体的子墙体,设置子墙体相应参数,如高度、偏移等。单击左下角预览 << 预览(P) 按钮,可对新创建墙体剖面进行预览检查,如图 3-3-8 所示。

单击"确定",完成叠层墙的构造设置。

图 3-3-5　打开材质浏览器

图 3-3-6　添加材质

操作技巧

　　鼠标放在预览框中,点击后按鼠标滚轮可将视图进行放大、缩小及平移,以便于查看。

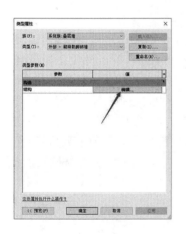

图 3-3-7　叠层墙类型

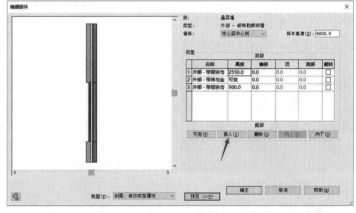

图 3-3-8　叠层墙预览

3.3.2　墙体的创建

墙体是建立建筑模型过程中工程量较多的一项,可通过使用墙工具在建筑模型中创建。

【执行方式】

功能区:"建筑"选项卡→"构建"面板→"墙"下拉菜单→"墙:建筑"。

快捷键:WA。

【操作步骤】

① 执行上述操作,在"建筑"选项卡下"构建"面板的"墙"下拉列表中,有建筑墙、结构墙、面墙、墙饰条、墙分隔缝五种类别,以下是对建筑墙的讲解。

② 设置墙体属性。

墙体类型属性:选择"基本墙",单击"编辑类型"按钮,在弹出的对话框中进行墙体的构造设置。

墙体实例属性:在属性框下方,显示墙体的实例属性,进行墙体的定位和标高约束,如图 3-3-9 所示,常用参数说明如下。

· 定位线:绘制墙体时的定位线,有墙中心线、核心层中心线、面层面外部/内部、核心面外部/内部几种选项,如图 3-3-10 所示。

· 底部约束/顶部约束:墙体底部/顶部的标高约束限制,如图 3-3-11 所示表示墙体位于标高 1 和标高 2 之间。

· 底部偏移/顶部偏移:墙体距墙体底部限制标高的距离,如图 3-3-11 所示表示墙体底部高于标高 1"300 mm",低于标高 2"500 mm"。

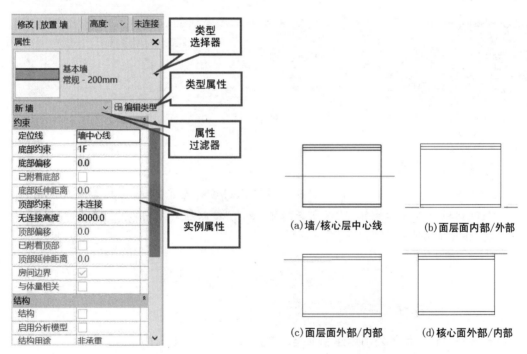

图 3-3-9 类型属性　　　　　　　　　　图 3-3-10 墙体定位方式

③ 设置墙体绘制选项栏。

选择是否形成墙链、定位点的偏移量以及是否绘制弧形墙体。

④ 绘制墙体。

在"放置墙"选项卡下的"绘制"面板中选择绘制工具(直线、矩形、多边形等),如图 3-3-12 所示。勾选"链",根据项目特点选择直线或者其他绘图工具,绘制墙体的方法与绘制轴网的方法相同,单击墙体起点,移动鼠标至终点。连续绘制完成后,按 Esc 键退出绘图模式。

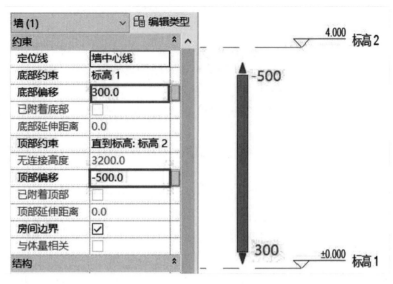

图 3-3-11　墙体标高

图 3-3-12　"放置墙"上下文选项卡

> **操作技巧**
>
> 　　外墙绘制过程中采用顺时针保证外墙面材质的连贯性,如果局部墙体绘制时出现内外方向反转,可以点击墙体,点击"修改墙的方向"符号⬍进行翻转,快捷键为空格键。

3.3.3　墙饰条的创建

沿着某条路径在墙体外围创建装饰类的饰条。

【执行方式】

功能区:"建筑"选项卡→"基准"面板→"墙"下拉菜单→"墙:饰条"。

【操作步骤】

① 切换操作视图。

将视图切换到三维模式或立面、剖面视图,激活墙饰条工具。

② 单击"墙"下拉菜单,选择"墙:饰条",在实例属性类型选择器中选择需要添加的墙饰条类型。

③ 修改类型属性参数。

单击"编辑类型",弹出"类型属性"对话框,设置饰条的各种参数,如"材质""轮廓"等,设置完成后单击"确定"返回,如图 3-3-13 所示。

④ 放置墙饰条。

选择布置方式:水平和垂直两种方式,如图 3-3-14 所示。

放置墙饰条:将鼠标放在墙体上,墙饰条自动捕捉到墙体并显示位置,上下左右移动鼠标,墙饰条跟着移动,确定位置后单击完成创建,如图 3-3-15 所示。放置完成后,单击选择墙饰条可以通过"添加/删除墙"按钮来增加或减少墙饰条。若要调整墙饰条的位置高度,单击选择墙饰条后在属性面板实例属性中设置"相对标高的偏移"项,单击"应用"按钮,完成调整,如图 3-3-16 所示。

若要选择其他形状的墙饰条,可以通过"插入"选项卡→"载入族"→"轮廓"→"专项轮廓"→"墙:饰条"选择项目所需的墙饰条。

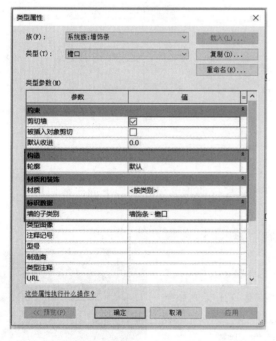

图 3-3-13　墙饰条类型

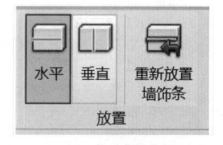

图 3-3-14　布置方式

提示

　　在平面视图中,墙饰条和分割条呈灰色显示,不能进行模型创建,必须在三维视图或者立面视图中创建。

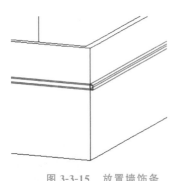

图 3-3-15　放置墙饰条　　　　　　图 3-3-16　调整高度

3.3.4　墙分隔缝的创建

与墙饰条创建方式一致,通过沿着某条路径拉伸轮廓以在外墙上创建裁切。

【执行方式】

功能区:"建筑"选项卡→"构建"面板→"墙"下拉菜单→"墙:分隔缝"。

【操作步骤】

① 在三维或者立面、剖面视图中激活分隔缝工具。

② 单击"墙"下拉菜单,选择"墙:分隔缝",在实例属性类型选择器中选择需要添加的分隔缝类型。在属性对话框中单击"编辑类型",弹出"类型属性"对话框,设置分隔缝的各种参数,如"材质""轮廓"等,设置完成后单击"确定"返回。墙分隔缝放置方式与墙饰条一致,效果如图 3-3-17所示。

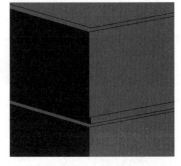

图 3-3-17　分隔缝

3.3.5　墙体编辑

(1)墙体连接

墙体自动连接后,软件提供了平接、斜接、方接三种连接方式,墙体默认连接方式为平接。操作步骤如图 3-3-18 所示。

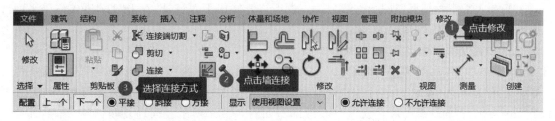

图 3-3-18　墙体连接

（2）编辑墙体轮廓

一般在创建墙体时，墙体的轮廓为矩形，如果在设计中墙体有其他轮廓样式，就需要对墙体进行轮廓编辑。

在平面视图双击墙体，在弹出的"转到视图"对话框中选择立面，或者直接切换到立面、剖面视图再双击墙体，此时墙体处于编辑轮廓草图绘制状态，轮廓线以模型线显示，如图 3-3-19 所示。

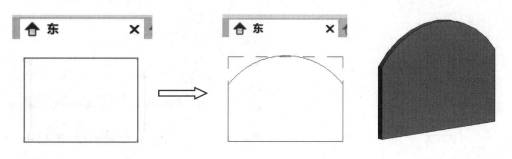

图 3-3-19　编辑墙体轮廓

提示

对墙体进行编辑时，注意墙体轮廓必须是连续闭合、不重叠、不交叉、不断开的紫色线框。

配合使用"修改"面板下的"绘图"工具，将墙的轮廓线修改成符合设计要求的轮廓形式。注意，修改草图轮廓时必须保证轮廓草图线形成闭合区域。单击上下文选项卡下"模式"面板中的"完成" ✔ 按钮，轮廓修改完成，如图 3-3-19 所示。若要将编辑完成的墙体恢复到原始状态，选择该墙，然后单击"模式"面板下"重设轮廓" 🔲 按钮。

3.3.6　实操实练——墙体的布置

墙体布置方法采用先设置墙体属性，包括名称、厚度、构造层次、材质、高度等，再按照图纸要求绘制各层墙体，宜采用顺时针方式，由外而内，从整体到局部进行有序绘制。

别墅墙体的
编辑

① 打开"别墅-轴网"项目,在项目浏览器下展开楼层平面目录,双击"1F"进入一层平面视图。

② 创建全部墙体类型。

如图 3-3-20 所示,单击"建筑"选项卡下"墙"下拉列表中的"墙:建筑"按钮,在类型选择器中选择"基本墙-常规 200",点击"编辑类型",在类型属性参数中复制创建名字为"别墅-外墙 220-文化石"的别墅外墙,"功能"为"外部",如图 3-3-21 所示。同理复制创建"别墅-外墙 220-面砖","功能"为"外部",复制创建"别墅-内墙 200-涂料"与"别墅-内墙 100-涂料","功能"为"内部",单击"确定"完成。此时点击类型选择器下拉菜单,可找到创建的四种类型墙体,如图 3-3-22 所示。

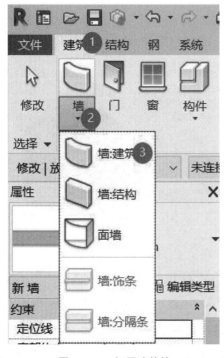

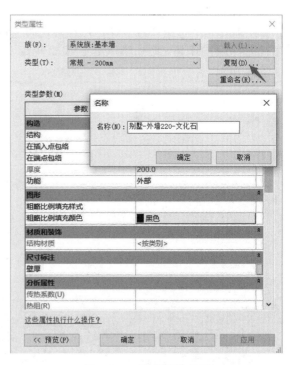

图 3-3-20　打开建筑墙　　　　　　　图 3-3-21　复制墙体类型

③ 添加全部墙体材质。

该项目墙体材质有普通砖、水泥砂浆、文化石、灰白色面砖、白色涂料,可以通过"管理"→"材质"一次性完成所有材料的添加,如图 3-3-23 所示,完成后点击"确定"退出材质添加模式。

a.添加普通砖:单击"管理"→"材质",在弹出的"材质浏览器"搜索栏中搜索"砖",在搜索结果中右击高亮显示的"砌体-普通砖",选择复制,命名为"别墅-砌体普通砖",点击任一其他材质,完成该材质的编辑,并继续下一材质的添加,如图 3-3-24 所示。

b.添加水泥砂浆:方法同上。

c.添加文化石:搜索"石材",搜索结果为"无",展开下方"材质库",找到"石材-自然立砌"并点击后方 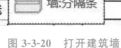 按钮,将该材质添加到"项目材质"中,如图 3-3-25 所示。右击复制命名为"别墅-文化石",单击任一其他材质完成该材质的编辑。

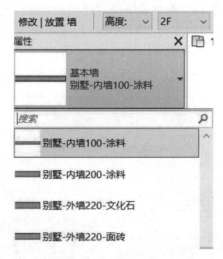

图 3-3-22　创建的墙体类型

图 3-3-23　打开材质浏览器

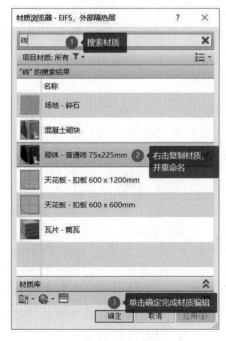

图 3-3-24　复制材质

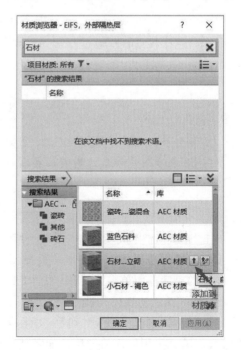

图 3-3-25　添加材质

d. 添加灰白面砖：搜索"瓷砖"，在材质库中通过点击"瓷砖，瓷器，6 英寸"后方 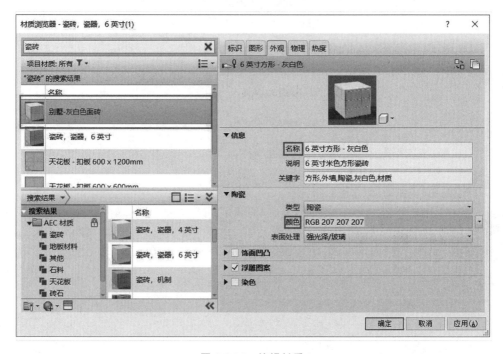 按钮，将其添加到"项目材质"中，复制命名为"别墅-灰白色面砖"。此时材质默认为米色，展开材质编辑器 >> ，点击"外观"，单击复制 按钮，修改"信息"中的"名称"为"6 英寸方形-灰白色"，修改颜色 RGB 数值为"207，207，207"，如图 3-3-26 所示，单击任一其他材质完成编辑。

图 3-3-26　编辑材质

e. 添加白色涂料：同理，通过搜索并复制命名为"别墅-白色涂料"后，修改颜色。所有材料完成添加后，点击下方"确定"按钮，完成所有材质的编辑并返回绘图界面。

提示

　　在材质浏览器中选择材质时，需要先复制当前材质，再对复制的材质进行修改，避免修改系统默认材质的类别。

---

④ 编辑外墙属性。

a. 单击"建筑"选项卡→"基准"面板→"墙"下拉菜单→"墙：建筑"。

b. 编辑外墙构造层次。在墙类型选择器中选择"别墅-外墙 220-文化石"，打开"编辑类型"，在弹出的对话框中单击"编辑"，如图 3-3-27 所示，进入"编辑部件"，进行构造层次的添加，步骤见本书"3.1.1 墙体构造"章节。插入"面层 1[4]"，单击"材质"栏后方 按钮打开材质浏览器，搜索"别墅"，找到"别墅-文化石"后点击并单击"确定"，完成材质添加，在"厚度"中输入"10"。采用同样的方法添加其他功能行，具体参数如图 3-3-28 所示。完成后点击下方"预览"按钮查看墙体构造层次，然后单击"确定"完成文化石外墙的属性编辑。

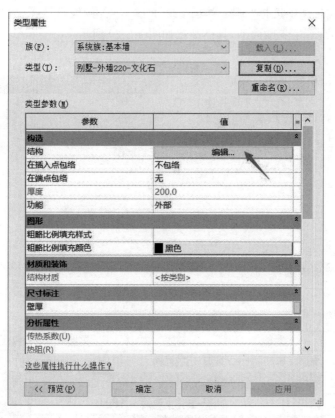

图 3-3-27   编辑墙体构造

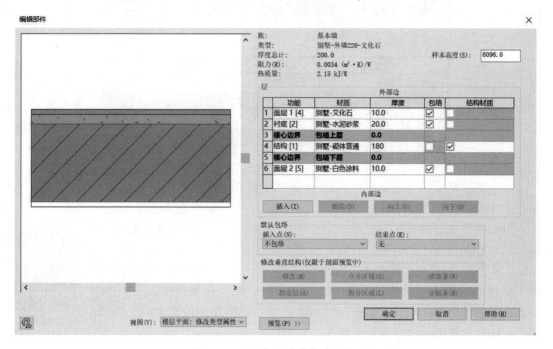

图 3-3-28   文化石外墙构造层次

c. 在类型下拉选项中选择"别墅-外墙 220-面砖",点击"编辑",在弹出的对话框中进行该墙体构造层次的设置,步骤同上,具体参数如图 3-3-29 所示。

	功能	材质	厚度	包络
1	面层 1 [4]	别墅-灰白色面砖	10.0	☑
2	衬底 [2]	别墅-水泥砂浆	20.0	☑
3	核心边界	包络上层	0.0	
4	结构 [1]	别墅-砌体普通砖	180.0	☐
5	核心边界	包络下层	0.0	
6	面层 2 [5]	别墅-白色涂料	10.0	☑

图 3-3-29   面砖外墙构造层次

⑤ 编辑内墙属性。

在类型下拉选项中选择"别墅-内墙 200-涂料",点击"编辑",在弹出的对话框中进行该墙体构造层次的设置,步骤同外墙,具体参数如图 3-3-30 所示。同理,设置"别墅-内墙 100-涂料"属性,构造层次如图 3-3-31 所示,完成后点击"确定"退出。

	功能	材质	厚度	包络
1	面层 1 [4]	别墅-白色涂料	10.0	☑
2	核心边界	包络上层	0.0	
3	结构 [1]	别墅-砌体普通砖	180.0	☐
4	核心边界	包络下层	0.0	
5	面层 2 [5]	别墅-白色涂料	10.0	☑

图 3-3-30   内墙 200 构造层次

	功能	材质	厚度	包络
1	面层 1 [4]	别墅-白色涂料	10.0	☑
2	核心边界	包络上层	0.0	
3	结构 [1]	别墅-砌体普通砖	80.0	☐
4	核心边界	包络下层	0.0	
5	面层 2 [5]	别墅-白色涂料	10.0	☑

图 3-3-31   内墙 100 构造层次

⑥ 绘制一层外墙。

双击项目浏览器下的"1F"进入一层平面视图,单击"建筑"选项卡→"基准"面板→"墙"下拉菜单→"墙:建筑",在"类型选择器"中选择"别墅-外墙 220-文化石"。修改实例属性为"底部约束"为 1F,"顶部约束"为 2F,"底部偏移"和"顶部偏移"数值均为 0,"定位线"为"墙中心线",其他为默认。然后鼠标点击 1 轴和 A 轴交接点(起点),顺时针进行一层外墙的绘制,如图 3-3-32 所示。完成后按 Esc 键退出绘制状态。

别墅一层
墙体的绘制

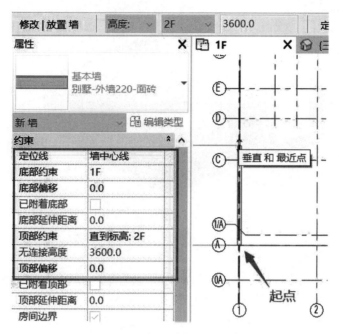

图 3-3-32　绘制一层外墙

⑦ 绘制一层内墙。

与一层外墙的绘制方法相同，选择"别墅-内墙 200-涂料"，沿顺时针方向进行墙体绘制。位置如图 3-3-33 所示。一层所有墙体绘制完成后，点击快速浏览器中的"三维视图"按钮 ⬡ ，观察一层墙体效果，如图 3-3-34 所示。

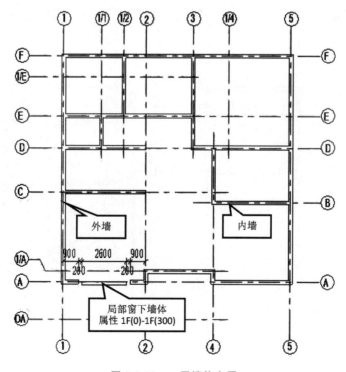

图 3-3-33　一层墙体布置

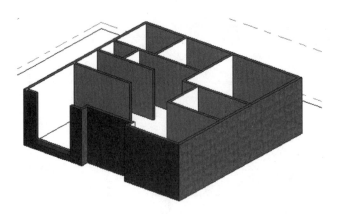

图 3-3-34　一层墙体完成效果

⑧ 绘制二层外墙和内墙。

与一层的绘制方法相同,双击项目浏览器下的"2F"进入二层平面视图,单击"墙:建筑",在类型选择器下选择"别墅-外墙220-面砖",在"选项栏"中"高度"设置为3F,用直线命令顺时针绘制二层外墙。

别墅二、三层
墙体的绘制

外墙完成后,类型选择器中选择"别墅-内墙200-涂料",绘制二层内墙。再选择"别墅-内墙100-涂料",绘制⑭轴线处内墙。绘制完成后的二层墙体如图 3-3-35 所示。

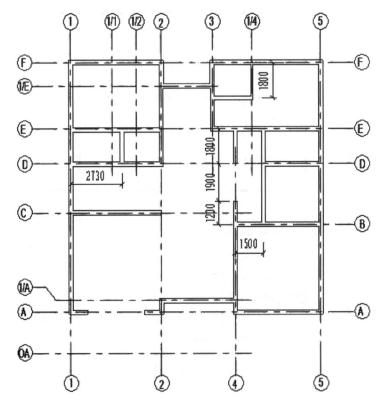

图 3-3-35　二层墙体绘制

因一层墙体与二层墙体位置和数量接近,也可以复制一层墙体粘贴到二层,再局部修改。首先框选一层墙体,在"剪贴板"工具栏中点击"复制"按钮,再单击"粘贴"按钮下拉选项中的"与选定标高对齐",在弹出的对话框中选择2F,界面自动跳到 2F 楼层平面中。因一、二层层高不同,因此还应在实例属性中修改顶部约束条件。

⑨ 绘制三层墙体。

同上述方法,选择"别墅-外墙 200-面砖",在"选项栏"中"高度"设置为"闷顶",顺时针绘制三层外墙。选择"别墅-内墙 200-涂料",绘制三层内墙。选择"别墅-内墙 100-涂料",绘制⑴/⑴轴线处内墙。三层墙体布置如图 3-3-36 所示。

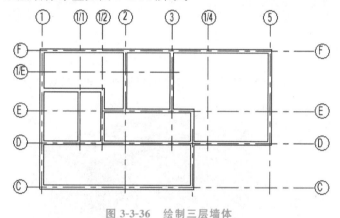

图 3-3-36　绘制三层墙体

⑩ 生成室外地坪层墙体。

切换到 1F 平面视图,鼠标从左上向右下角框选一层所有墙体,单击"过滤器"按钮 🔻,只勾选墙体,如图 3-3-37 所示。将实例属性中"底部约束"修改为"室外地坪",单击"应用",生成室外地坪墙体,如图 3-3-38 所示。

提高墙体绘制速度需注意:墙体的定位方式;修剪、对齐等命令的灵活运用;复制粘贴的合理使用。

⑪ 添加墙饰条。

视图切换到三维模式下,单击"建筑"选项卡→"基准"面板→"墙"下拉菜单→"墙:饰条",在"属性"栏中打开"编辑类型",弹出"类型属性","复制"类型命名为"别墅-墙饰条-涂料",点击参数中"材质与装饰"下方的"材质",出现 ⋯ 按钮,打开"材质浏览器",选择"别墅-白色涂料",单击"确定"返回,再次点击"确定"进入绘图区域,顺着二层标高、三层标高位置进行墙饰条的添加,注意检查实例属性中"标高"和"相对标高偏移"的数据。

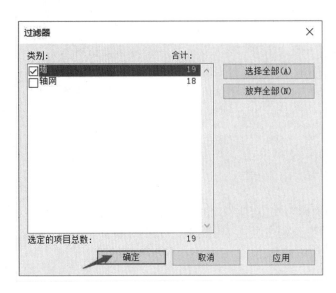

图 3-3-37 过滤器筛选　　　　　　　　　图 3-3-38 修改约束条件

⑫ 将项目文件另存为"别墅-墙体",完成该项目墙体的绘制,效果如图 3-3-39 所示。

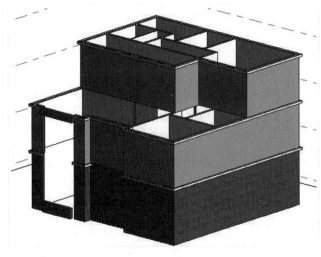

图 3-3-39 墙体完成效果

3.3.7 真题实训

根据下面给定的构造层次创建墙体,并绘制一层高为 3m,长宽尺寸均为 8000 mm 的单层建筑。完成后请将模型以"黄色外墙面"为文件名保存为项目文件。

① 10 mm 厚外墙黄色饰面砖 250×250;

② 20 mm 厚水泥砂浆;

③ 180 mm 厚普通砖;

④ 找平,腻子刮面;

⑤ 10 mm 厚白色涂料。

真题讲解(墙体)

3.4　建　筑　柱

◇ 知识引导

　　在 Revit Architectrue2020 中,柱包含结构柱和建筑柱两大类,本节主要介绍建筑柱的功能、绘制和编辑方法,可以在模型中直接绘制建筑柱,也可以通过识别结构柱进行创建。建模中注意建筑柱的载入、编辑和定位方法,以及建筑柱与墙体连接部分的处理。

- -

　　基础知识点:

　　建筑柱与结构柱的区别,建筑柱的作用,建筑柱的参数含义

　　基本技能点:

　　建筑柱的载入,建筑柱的绘制方式,建筑柱的参数编辑

- -

3.4.1　建筑柱的类型

　　建筑柱起装饰作用,种类繁多,一般根据设计要求来确定。柱类型除矩形柱以外还有壁柱、倒角柱,欧式柱、中式柱、现代柱,圆柱、圆锥形柱等,也可以通过族模型创建设计要求的柱类型。

　　结构柱包括钢柱、混凝土柱等,有承重作用。

3.4.2　建筑柱的载入与属性调整

　　项目载入需要的柱类型,通过调整柱的参数信息来满足设计的要求。

　　【执行方式】

　　功能区:"建筑"选项卡→"构建"面板→"柱"面板下拉菜单→"建筑柱"。

　　【操作步骤】

　　① 载入建筑柱。

　　执行上述操作,单击"修改|放置柱"上下文选项卡下"模式"板块中的"载入族"按钮,如图 3-4-1 所示。在弹出的"载入族"对话框中,选择"建筑"→"柱",选择项目所需的建筑柱类型,单击"打开"按钮,完成柱的载入。此时单击属性框中的类型选择下拉菜单,可以找到新载入的柱类型。

　　② 柱的属性设置。

　　柱的属性设置包括类型属性设置和实例属性设置两种。通常先设置类型属性,再设置实例属性。

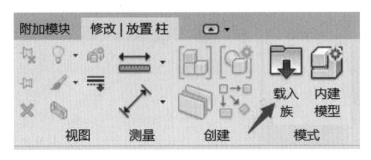

图 3-4-1　载入柱族

保持放置柱的状态,在"类型选择器"下拉菜单中任选一种尺寸的柱,如矩形柱475 mm×610 mm,单击属性框中的"编辑类型"按钮,弹出"类型属性"对话框,如图 3-4-2 所示。常用参数说明如下。

- 深度:放置时柱的深度,矩形柱截面显示为矩形,该值表示柱的深度(475mm)。
- 偏移基准:设置柱基准的偏移量,默认为 0。
- 偏移顶部:设置柱顶部的偏移量,默认为 0。
- 宽度:放置时柱的宽度,矩形柱截面显示为矩形,该值表示矩形的宽度(610mm)。

下一步设置实例属性,如图 3-4-3 所示。各参数说明如下。

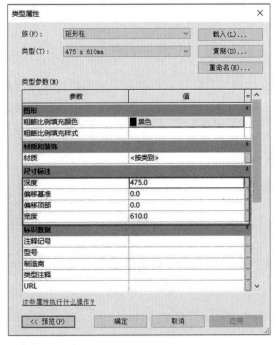

图 3-4-2　建筑柱类型属性　　　　　　　　图 3-4-3　建筑柱实例属性

- 随轴网移动:确定柱在放置时是否随着轴网移动。
- 房间边界:确定放置的柱是否为房间的边界。

> 提示
>
> 绘制"建筑柱"时勾选"房间边界",后期计算房间面积时,面积线会沿柱轮廓生成;不勾选,面积线会沿墙边缘生成。

3.4.3 建筑柱的布置和调整

在完成了柱的类型属性和实例属性设置后,下一步就是把柱放置到项目中指定位置。

【操作步骤】

① 单击"建筑"选项卡→"构建"面板→"柱"面板下拉菜单→"建筑柱",在类型选择器下选择柱类型。

② 设置柱选项栏。

选项栏中的参数设置如图 3-4-4 所示,相关说明如下。

· 放置后旋转:勾选情况下,放置柱后,可通过移动鼠标进行旋转操作。

· 高度/深度:设置柱的布置方式,并设置高度或深度值。选择"高度",柱往当前标高以上布置,选择"深度",则柱往当前标高以下布置。选择"深度"绘制时系统会提示在该平面不可见,但是在三维视图中可见,可通过调节平面"视图深度"查看。

| 修改｜放置 柱 | □ 放置后旋转 | 高度: ∨ | 2F ∨ | 4000.0 | ☑ 房间边界 |

图 3-4-4 设置柱选项栏

③ 放置柱。

设置完参数后,将鼠标移动到绘图区域,柱的平面视图形状会跟随鼠标的移动而移动,将鼠标移动到横纵轴网的交汇处,相应的轴网高亮显示,单击将柱放置在交汇点上,按两次 Esc 键退出当前状态,单击选择放置的柱,通过修改临时尺寸将柱调整到指定位置,如图 3-4-5 所示。

放置其他类型一致的柱,且与相邻轴网的位置关系相同时,可以通过复制的方法进行快速定位。

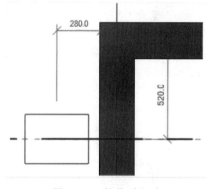

图 3-4-5 柱临时尺寸

3.4.4 实操实练——柱的布置

打开"建筑-墙体"项目,在项目浏览器下展开楼层平面目录,双击"1F"名称进入一层平面视图。

(1)绘制入口建筑柱

① 修改柱类型属性。单击"建筑"选项卡下"柱"下拉列表中的"建筑柱"按钮,在类型选择器中选择矩形柱,点击"编辑类型",在弹出的"类型属性"对话框中,复制创建名字为"310×310 mm"的矩形柱,修改尺寸的深度、宽度值

别墅建筑柱的布置

均为 310 mm,并赋予和外墙一致的材质"别墅-文化石"。单击"确定"按钮保存修改并返回,如图 3-4-6 所示。

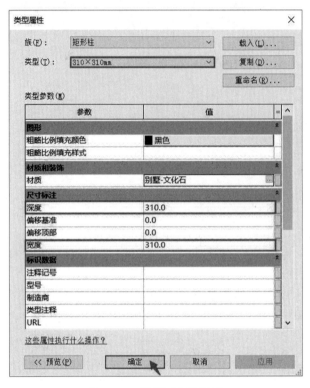

图 3-4-6　柱类型参数设置

② 设置选项栏。默认选择柱的布置方式为"高度""2F"。

③ 绘制入口柱。在轴线 ⑩ 与轴线②、④交点处放置该柱,然后选中柱,单击临时尺寸,修改柱中心到轴线距离为 105 mm,如图 3-4-7 所示。按 Esc 键或者点击空白处退出柱绘制模式。

图 3-4-7　柱定位尺寸

对称的建筑柱也可以通过镜像命令进行复制,先绘制②轴的柱,再单击"镜像-绘制轴"命令,在⑧墙中心点点击后下拉鼠标,出现蓝色轴,再点击一次鼠标,在④轴镜像出另一对称柱。

(2)绘制幕墙两侧装饰柱

① 设置类型属性。在属性栏中选择一个矩形柱,打开"类型属性"对话框,复制创建名字为"420×200 mm"的矩形柱,并修改尺寸标注:深度值"420"、宽度值"200"。单击"确定"按钮,返回绘图界面。

② 设置选项栏。设置柱的布置方式为"高度""3F",将柱对齐放置在幕墙洞口两侧,如图3-4-8所示。在键盘上连按Esc键两次,退出绘制模式.

③ 修改实例属性。选中该柱,将实例属性中的"底部约束"改为"室外地坪","顶部偏移"修改为"—500.0",如图3-4-9所示。

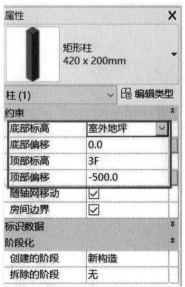

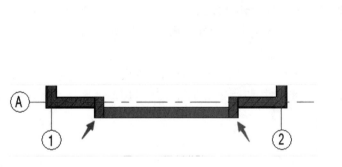

图3-4-8　柱平面定位　　　　　　　　　图3-4-9　柱实例属性

当建筑柱附着到墙上时,会自动应用附着的墙体图元的材质。

(3)保存文件

将项目文件另存为"别墅-建筑柱",完成该项目柱的布置,效果如图3-4-10所示。

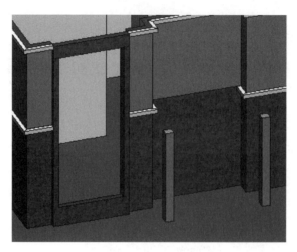

图 3-4-10　建筑柱完成效果

3.5　门

◇ **知识引导**

在 Revit 2020 中,门是基于墙主体的构件族,必须放置在墙体之上。将鼠标光标移动到无墙体区域时,显示状态为不能放置。当移动到墙体平面上时,会显示门的布置。可以通过使用系统自带的门族完成模型的创建,也可以自定义新的族来满足多类型门族的需求,详见"学习单元 9　族与体量"。

建筑模型中门族的数量和种类较多,在建模过程中,思考总结快速创建方法。注意当使用链接 CAD 进行绘制时门族插入定位的准确性,以保证后期施工图制图的准确性。

基础知识点:

门的常用类型,不同类型门的平面表达方式

基本技能点:

门的载入,门类型参数编辑,门的绘制方式,门的准确定位

3.5.1　门的载入

在 Revit 软件中,可以通过载入族的方式将项目需要的门类型载入项目中。

【执行方式】

功能区："建筑"选项卡→"构建"面板→"门"按钮 🚪 。

快捷键：DR。

【操作步骤】

执行上述操作，在弹出的"放置门"选项卡中，单击"模式"面板下的"载入族"按钮 🗔，在弹出的"载入族"对话框中，点击"建筑"→"门"，找到项目所需要的构件族文件，如图 3-5-1 所示，单击"打开"，这时在属性框的类型选择器下拉列表中就可以找到新载入的门类型。

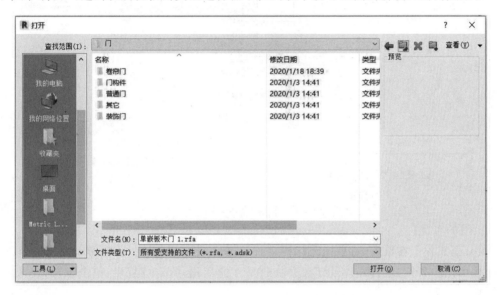

图 3-5-1　门载入对话框

3.5.2　门的布置

门族载入后，先设置其参数信息，然后就可以把门插入项目中的墙体。

别墅门的
载入与布置

【操作步骤】

① 切换门布置操作的平面视图，如一层平面图，也可以在三维视图、立面视图、剖面视图中放置。

② 鼠标单击"建筑"选项卡→"门"。

③ 门的属性设置。

在类型选择器下拉菜单中选取某一门类型，单击"编辑类型"按钮，在弹出的"类型属性"对话框中调整门的构造、材质、尺寸等参数信息，完成后单击"确定"按钮返回放置状态。参数说明如图 3-5-2 所示。

材质与装饰：通过点击后方 ⋯ 按钮，打开材质库修改门框和门板材质。

尺寸标注：包括厚度、高度、贴面投影外部/内部、贴面宽度、宽度、粗略宽度、粗略高度。

完成后再调整属性框中的实例属性以及选择栏中的信息。

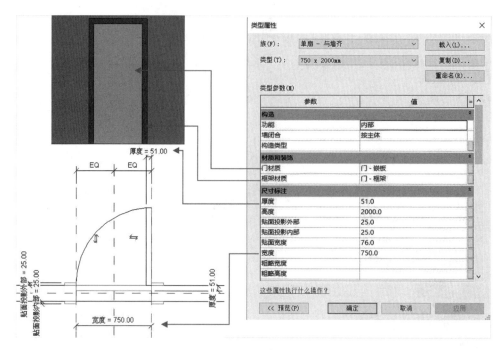

图 3-5-2　门的类型属性

④ 门的布置。

调整完成各个参数后,将鼠标光标移动到绘图区域进行布置。将门移动到墙体上平面时,会显示门的布置,左右移动鼠标观察临时尺寸的变化,确定位置后,单击鼠标,完成门的布置。

如果门的方向不对,在单击前可通过按空格键左右翻转实例。也可以在绘制完成后,选中该门构件,通过调整"临时尺寸"数值、"开门方向 ⇔""门板翻转 ⇔"来完成布置,最后按 Esc 键退出绘制模式,如图 3-5-3 所示。

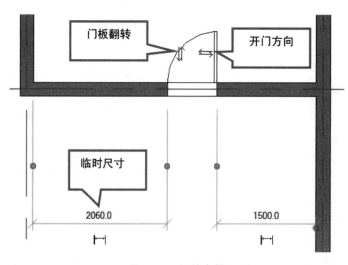

图 3-5-3　门的布置

3.5.3 实操实练——门的添加

别墅项目
一层门的添加

① 打开"别墅-建筑柱"项目,在项目浏览器下展开楼层平面目录,双击"1F"进入一层平面视图。

② 载入门族。

别墅项目中涉及的门族有单开门、双开门、推拉门,单击"插入"选项卡→"从库中载入"→"载入族"按钮,如图 3-5-4 所示。打开"建筑"→"门"→"普通门"→"平开门"→"双扇门",按 Ctrl 键的同时选中"双面嵌板木门 2""双面嵌板木门 3",点击"打开"将族载入项目中,如图 3-5-5 所示。同理将"推拉门"下的"双扇推拉门 2"和"卷帘门"也载入项目中,此时在门的类型选择器下可以找到载入的族类型,如图 3-5-6 所示。

别墅项目二、
三层门的添加

图 3-5-4 载入门族

图 3-5-5 双扇平开门族

③ 定义门类型。

单击"建筑"选项卡→"门"按钮,在类型选择器下找到"双面嵌板木门 3",编辑类型属性,在弹出的对话框中,复制出"M1824"类型,修改材质、尺寸等属性参数,如图 3-5-7 所示。在类型选择器下拉菜单中找到"单扇-与墙齐",复制创建"M0921""M0821",同理将"双扇推拉门 2"复制出"TLM1821","双面嵌板木门 2"复制出"M1521","卷帘门"复制出"JLM"。门的类型及对应参数如图 3-5-8 所示。

属性	✕
卷帘门 4100 x 3000mm	▼

搜索	🔍
卷帘门	^
4100 x 3000mm	
双扇推拉门2	
1500 x 2100 mm	
1800 x 2100mm	
2100 x 2100mm	
2400 x 2100mm	
双面嵌板木门 2	
1800 x 2100mm	
1900 x 2100mm	
2000 x 2100mm	
双面嵌板木门 3	
1800 x 2100mm	
1900 x 2100mm	
2000 x 2100mm	∨

图 3-5-6 查看载入族

类型属性 ✕

族(F):	双面嵌板木门 3	▼	载入(L)...
类型(T):	M1824	▼	复制(D)...
			重命名(R)...

类型参数(M)

参数	值	=
构造		★
功能	外部	
墙闭合	按主体	
构造类型		
材质和装饰		★
面板材质	别墅大门面板材质	
把手材质	金属 - 不锈钢, 抛光	
贴面材质	别墅大门贴面材质	
尺寸标注		★
厚度	50.0	
粗略宽度	1800.0	
粗略高度	2400.0	
高度	2400.0	
宽度	1800.0	
分析属性		★
标识数据		★
类型图像		
注释记号		
型号		
制造商		
类型注释		
URL		
说明		
部件代码		
防火等级		
成本		
部件说明		
类型标记	M1824	
OmniClass 编号		

这些属性执行什么操作?

<< 预览(P)	确定	取消	应用

图 3-5-7 门的参数修改

最近使用的类型

卷帘门 : JLM

双扇推拉门2 : TLM1821

双面嵌板木门 3 : M1824

单扇 - 与墙齐 : M0821

单扇 - 与墙齐 : M0921

单嵌板木门 1 : 900 x 2100mm

卷帘门 : 4100 x 3000mm

<门明细表>			
A	B	C	D
类型	族	高度	宽度
JLM	卷帘门	3100	4400
M0821	单扇 - 与墙齐	2100	800
M0921	单扇 - 与墙齐	2100	900
M1521	双面嵌板木门 2	2100	1500
M1824	双面嵌板木门 3	2400	1800
TLM1821	双扇推拉门2	2100	1800

图 3-5-8 门的类型及参数

④ 放置门。

单击"建筑"选项卡→"门"按钮,在类型选择器下单击"M1824",在上下文选项卡中选择"在放置时进行标记",不要勾选"选项栏"中的"引线",如图 3-5-9 所示。移动鼠标指针至 ⑭ 轴外墙②、④轴中间,注意观察临时尺寸变化,两边尺寸相同时表示在墙体正中位置,单击鼠标插入门。或者插入后再通过修改临时尺寸数据来调整门的位置。确定后按 Esc 键两次退出当前命令,完成"M1824"门的插入。

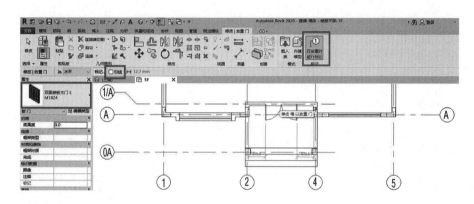

图 3-5-9　门的插入

　　⑤ 通过单击门控制柄 ⟷ 来调整门垛位置及开门方向。

　　⑥ 按 Enter 键重复门的插入,按照上述步骤,在类型属性下拉菜单中选择定义好的门族,将其插入一层及其他楼层对应的墙体(注:单开门门垛 100 mm)。完成后的门平面布置图如图 3-5-10 所示。

　　⑦ 将项目文件另存为"别墅-门",完成对该项目门的放置。最终效果如图 3-5-11 所示。

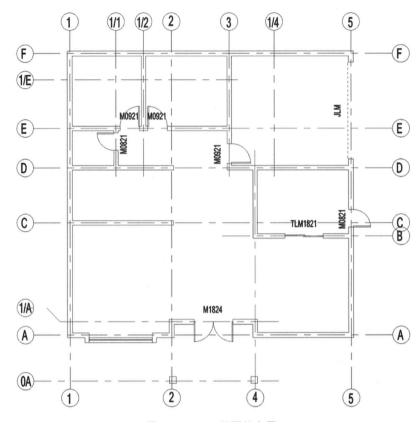

图 3-5-10　1F 平面门布置

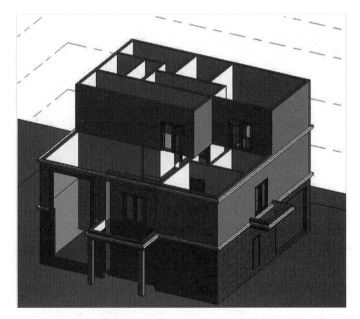

图 3-5-11　别墅-门效果图

3.6　窗

本节主要讲解建筑模块中标高的实际应用操作。在 Revit2020 中,窗是基于墙主体的构件族,必须放置在墙体之上。将鼠标光标移动到无墙体区域时,显示状态为不能放置。当移动到墙体平面上时,会显示窗的布置。可以通过使用系统自带的窗族完成模型的创建,也可以自定义新的族来满足多类型窗族的需求。使用窗工具可以在墙上放置窗或在屋顶放置天窗。

建筑模型中窗的数量和种类较多,在建模过程中,思考总结快速创建方法。注意当使用链接 CAD 进行绘制时窗族插入定位的准确性,以保证后期施工图出图的准确性。

基础知识点:

窗的类型,窗户的组成及名称

基本技能点:

窗的载入,窗的绘制方式,窗的准确定位,窗的类型参数与实例参数编辑

3.6.1　窗的载入

窗与门的载入方法相同,可以通过载入族的方式将项目需要的窗类型载入项目中。

【执行方式】

功能区:"建筑"选项卡→"构建"面板→"窗"按钮 ▦ 。

快捷键:WN。

【操作步骤】

执行上述操作,在弹出的"放置窗"上下文选项卡中,单击"模式"面板下的"载入族"按钮,在弹出的"载入族"对话框中,点击"建筑"→"窗",找到项目所需要的构件族文件。单击"打开",这时在属性框的类型选择器下拉列表中就可以找到新载入的窗类型。

3.6.2　窗的布置

窗族载入后,先设置其参数信息,然后就可以把窗插入项目中的墙体。

【操作步骤】

① 切换到窗布置操作视图,一般在平面视图中放置,也可以在三维视图、

窗的载入与
布置

立面视图、剖面视图中放置。

② 单击"建筑"选项卡→"构建"面板→"窗"按钮,在属性栏中设置窗的参数信息。

在类型选择器下拉菜单中选取窗的类型,单击"编辑类型"按钮,在弹出的窗类型属性对话框中,调整窗的构造、材质、尺寸等参数信息,如图 3-6-1 所示。完成后单击"确定"按钮返回放置状态。然后在属性框中调整窗的实例属性,修改窗的"底高度"。如果是高窗,需要取消勾选"通用窗平面",如图 3-6-2 所示。

③ 窗的布置。

调整各个参数后,可将鼠标光标移动到绘图区域进行布置。将窗移动到墙体平面上,会显示窗的布置,左右移动鼠标观察临时尺寸的变化,确定位置后,点击鼠标,完成窗的布置。

提示

系统默认窗族族类型设置时,分"通用窗平面""高窗平面"两种类型,视图范围不同。一般情况窗户为"通用窗平面",部分特殊房间如厕所,窗台高于 1200 mm,需要选择"高窗平面",该窗平面显示为虚线。

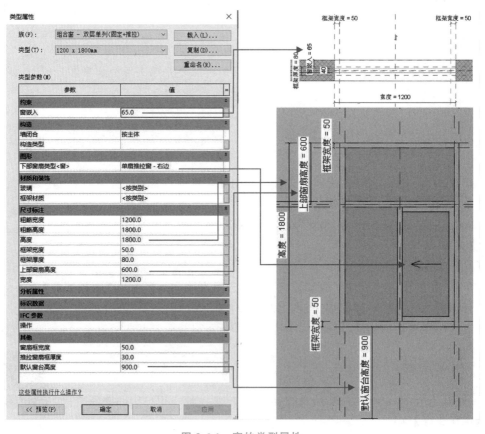

图 3-6-1　窗的类型属性

图 3-6-2　窗的实例属性

3.6.3　窗的调整

将窗放置在墙体上后,还应调整窗的准确位置,以及是否需要翻转实例面。

【操作步骤】

选择放置的窗构件,软件会激活相应的设置参数,如图 3-6-3 所示。通过临时尺寸可以对窗进行精确定位,单击翻转符号或者按空格键可以调整窗的布置方位,确定位置后按 Esc 键退出当前状态。

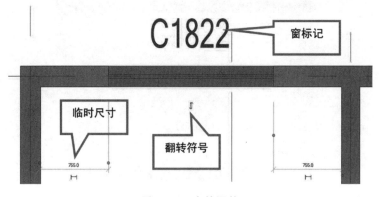

图 3-6-3　窗的调整

3.6.4 实操实练——窗的添加

① 打开"别墅-门"项目,在项目浏览器下展开楼层平面目录,双击"1F"进入一层平面视图。

② 载入窗族。

别墅项目一层
窗的添加(手动)

别墅项目中涉及的窗族有"组合窗-三层四列(两侧平开)""组合窗-双层单列(固定＋推拉)",单击"插入"选项卡→"从库中载入"→"载入族"按钮→"建筑"→"窗"→"普通窗"→"组合窗",按 Ctrl 键的同时选中"组合窗-三层四列(两侧平开)"和"组合窗-双层单列(固定＋推拉)",点击"打开",将两个窗族同时载入项目中。

③ 定义窗类型。

别墅二、三层
窗的添加
(链接 CAD)

单击"建筑"选项卡→"窗"按钮,在类型选择器下找到"组合窗-三层四列(两侧平开)",点击"编辑类型",在弹出的对话框中,复制名称为"M3028"类型,修改材质、尺寸等属性参数,注意类型标记改为"C3028",窗台高"300",如图 3-6-4 所示。

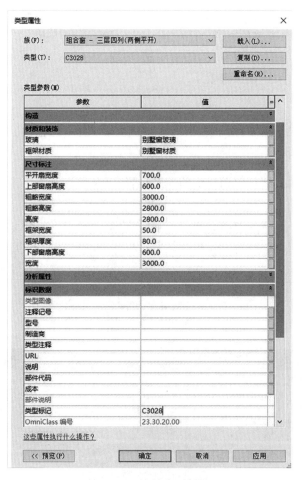

图 3-6-4 窗的类型属性

完成后再次点击"复制",在名称中输入"M3025",根据窗户的尺寸修改宽、高及类型标记后点击"确定"。同理将窗族"组合窗-双层单列(固定＋推拉)"复制出"C1822""C1819""C1219""C1213""C0915"五种类型的窗户,对应参数如图 3-6-5 所示。完成后点击"确定"返回,依据图中参数修改窗的实例属性,主要是窗户底高度。

<table>
<tr><td colspan="7" align="center"><窗明细表></td></tr>
<tr><td>A</td><td>B</td><td>C</td><td>D</td><td>E</td><td>F</td><td>G</td></tr>
<tr><td>类型</td><td>族</td><td>宽度</td><td>高度</td><td>标高</td><td>底高度</td><td>合计</td></tr>
<tr><td>C0915</td><td>组合窗-双层单列(固定+推拉)</td><td>900</td><td>1500</td><td>1F</td><td>900</td><td>1</td></tr>
<tr><td>C0915</td><td>组合窗-双层单列(固定+推拉)</td><td>900</td><td>1500</td><td>1F</td><td>1300</td><td>1</td></tr>
<tr><td>C0915</td><td>组合窗-双层单列(固定+推拉)</td><td>900</td><td>1500</td><td>2F</td><td>1300</td><td>3</td></tr>
<tr><td>C0915</td><td>组合窗-双层单列(固定+推拉)</td><td>900</td><td>1500</td><td>3F</td><td>900</td><td>2</td></tr>
<tr><td>C1213</td><td>组合窗-双层单列(固定+推拉)</td><td>1200</td><td>1350</td><td>2F</td><td>0</td><td>1</td></tr>
<tr><td>C1219</td><td>组合窗-双层单列(固定+推拉)</td><td>1200</td><td>1900</td><td>3F</td><td>0</td><td>1</td></tr>
<tr><td>C1819</td><td>组合窗-双层单列(固定+推拉)</td><td>1800</td><td>1900</td><td>2F</td><td>900</td><td>2</td></tr>
<tr><td>C1819</td><td>组合窗-双层单列(固定+推拉)</td><td>1800</td><td>1900</td><td>3F</td><td>900</td><td>2</td></tr>
<tr><td>C1822</td><td>组合窗-双层单列(固定+推拉)</td><td>1800</td><td>2200</td><td>1F</td><td>900</td><td>3</td></tr>
<tr><td>C3025</td><td>组合窗-三层四列(两侧平开)</td><td>3000</td><td>2500</td><td>2F</td><td>300</td><td>1</td></tr>
<tr><td>C3028</td><td>组合窗-三层四列(两侧平开)</td><td>3000</td><td>2800</td><td>1F</td><td>300</td><td>1</td></tr>
</table>

最近使用的类型

组合窗 - 三层四列(两侧平开):C3028
组合窗 - 三层四列(两侧平开):C3025
组合窗 - 双层单列(固定+推拉):C1219
组合窗 - 双层单列(固定+推拉):C1213
组合窗 - 双层单列(固定+推拉):C1822
组合窗 - 双层单列(固定+推拉):C0915
组合窗 - 双层单列(固定+推拉):C1819

图 3-6-5　窗明细表

④ 放置窗。

窗的放置方法与门相同,"建筑"选项卡→"窗"按钮,在类型属性下找到"C3028",上下文选项卡中选择"在放置时进行标记",不要勾选"选项栏"中的"引线",实例属性中"底高度"为300。确定后将鼠标指针移动至Ⓐ轴外墙④、⑤轴中间,注意观察临时尺寸变化,当两边尺寸相等时表示在墙体正中位置,单击鼠标完成窗的插入。或者插入后再通过修改临时尺寸数据来调整窗的位置。确定后按 Esc 键两次退出当前命令,完成"C3028"窗的插入。

⑤ 通过单击窗控制柄 ⇔ 来调整窗的内外面。

⑥ 按 Enter 键重复窗的插入,同上述步骤,在类型属性下拉菜单中选择定义的窗族,将各类型窗户插入一层,完成后的窗的定位如图 3-6-6 所示。

> 提示
>
> 　　放置"窗"构件时,若窗居中布置,将"窗"放在墙上,当显示临时尺寸时,按下"S"＋"M"键能够自定义到墙段中间,再单击鼠标确定完成门的绘制。

⑦ 完成其他楼层窗户的绘制。

⑧ 将项目文件另存为"别墅-窗",完成该项目窗的放置。窗的完成效果如图 3-6-7所示。

> 提示
>
> 　　上下层窗户相同的情况下,可以通过全选后用过滤器选中一层的窗户,单击"剪贴板"面板下的复制按钮后再粘贴到选定标高来实现快速绘图。

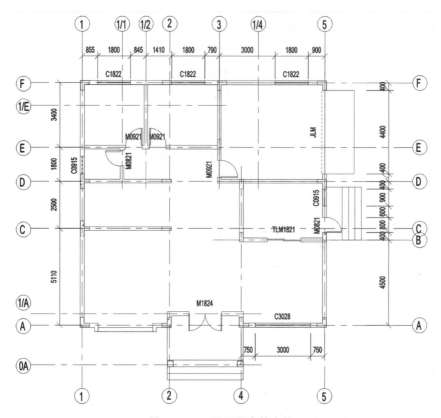

图 3-6-6　一层平面窗的定位

图 3-6-7　窗完成效果

3.7　楼　　板

　　本节主要讲解建筑模块中楼板的实际应用操作。楼板模型创建前先明白楼板的功能、类型和地面做法,理解楼板的构造层次,知道构造层次设定的意义。楼板是基于标高的构件,在操作过程中应在对应的标高位置进行绘制,通过拾取墙或者使用"线"工具绘制楼板边界创建。通过坡度的设置可以调节楼板的垂直变化。

基础知识点:

楼板的构造层次及作用,楼板的类型

基本技能点:

楼板的绘制,楼板参数的编辑,楼板形状的编辑,竖井的使用

3.7.1　建筑楼板的构造

楼板的构造,包括楼板的功能、材质和厚度设置。

楼板的设置与
创建

【执行方式】

功能区:"建筑"选项卡→"构建"面板→"楼板"下拉菜单→"楼板:建筑"。

【操作步骤】

① 执行上述操作,在"楼板"属性栏的"类型选择器"中选择楼板类型。

② 单击编辑类型,打开"类型属性"对话框,点击"结构"→"编辑",如图 3-7-1 所示。

③ 在弹出的"编辑部件"对话框中,进行楼板的构造设置。

系统默认的楼板已有部分结构功能,需要通过插入其他功能结构层以完善构造层次。原理和操作方法与墙体构造设置相似,插入功能行、调整构造层顺序、选择功能类型、赋予材质及输入厚度,如图 3-7-2 所示。单击"确定"按钮完成楼板的构造设置。

3.7.2　楼板的创建

【操作步骤】

楼板是基于标高创建的,在项目浏览器的楼层平面目录下双击某一平面(如标高 1),进入楼层平面视图,点击"建筑"选项卡→"构建"面板→"楼板"下拉菜单→"楼板:建筑"。

(1)设置楼板参数

类型属性:设置楼板的构造层次及对应的材质、厚度、功能。

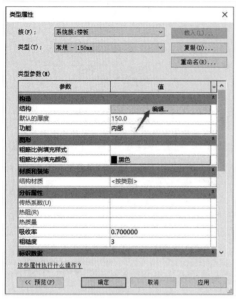

图 3-7-1　楼板类型属性

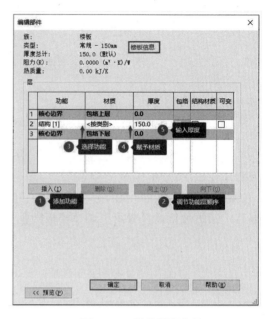

图 3-7-2　楼板类型参数

实例属性：设置楼板自标高的高度偏移值、是否作为房间边界，如图 3-7-3 所示。比如卫生间楼板下沉,则偏移值为负值。

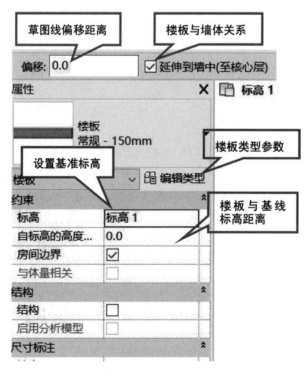

图 3-7-3　楼板实例属性

（2）绘制边界

在楼板上下文选项卡的"绘制"面板下选择绘制方式，在绘图区域绘制楼板边界线，如图 3-7-4 所示。需要注意，楼板边界轮廓必须为闭合环。

图 3-7-4　楼板绘制选项

（3）设置坡度箭头

当楼板存在一定坡度时，可绘制坡度箭头。执行"修改|编辑边界"→上下文选项卡→点击"坡度箭头"→绘制箭头操作，在其实例属性中设置相应的参数，如坡度、首高、尾高等参数，控制楼板坡度，如图 3-7-5 所示。

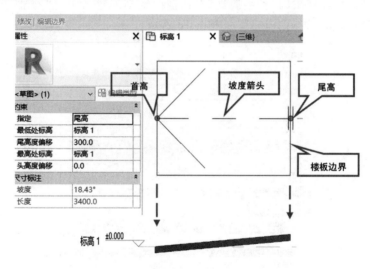

图 3-7-5　楼板坡度设置

提示

　　若楼板需要开洞，则需要在开洞位置绘制另一个闭环。当建筑上下楼板同一位置均需开洞，如电梯、楼梯、管道井等，可以通过"建筑"选项卡下的"竖井洞口"对多层楼板进行剪切。

（4）编辑楼板

楼板生成后，可以在平面及三维视图中查看完成效果。若要修改楼板边界，双击楼板，在上下文选项卡的"绘制"面板中找到合适的工具进行边界线的编辑。单击"确定"按钮 ✔ 完成编辑。

3.7.3　实操实练——别墅项目楼板的创建

别墅项目一层
楼板的绘制

① 打开"别墅-窗"项目,在项目浏览器下展开楼层平面目录,双击"1F"进入一层平面视图,单击"建筑"选项卡→"楼板"下拉菜单→"楼板:建筑"。

② 修改类型属性。

a. 创建楼板类型。在属性栏"类型选择器"下选择"常规-150 mm"楼板类型,点击"编辑类型",在弹出的"类型属性"对话框中复制创建名字为"别墅-楼板 120-地砖"的新类型,同时将功能设置为"内部",如图 3-7-6 所示。

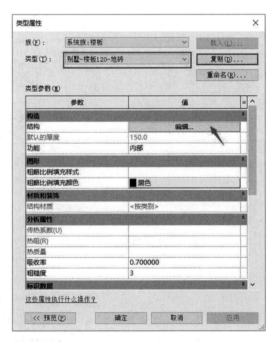

图 3-7-6　楼板类型属性

b. 编辑功能层。点击"结构"下的"编辑",在弹出的对话框中添加楼板的功能层"面层、衬底、结构",如图 3-7-7 所示。单击"面层 1[4]"后面的材质添加按钮 ⬚ ,打开"材质浏览器",按照图 3-7-8 所示步骤完成面层"别墅-米色地砖"的材质创建。继续进行衬底层"别墅-水泥砂浆"、结构层"钢筋混凝土"材质的创建,并分别修改材质截面填充图案为"沙""钢筋混凝土"。完成后单击"确定"按钮,保存参数。

c. 再复制创建名字为"别墅-楼板 120-细石混凝土"的楼板类型,各功能层以及对应的材质如图 3-7-9 所示。

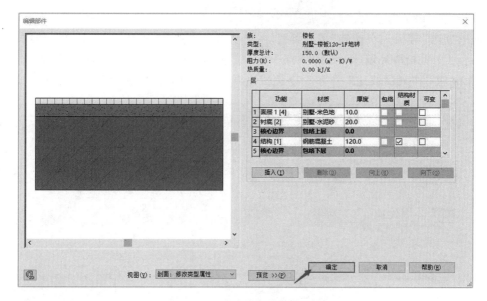

图 3-7-7　地砖楼板的功能层次

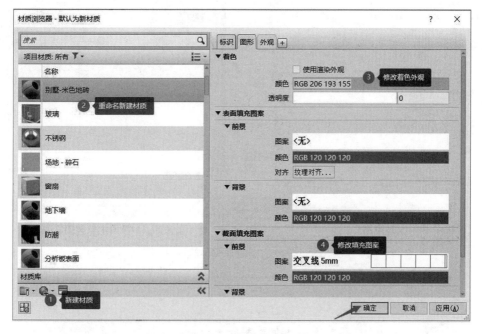

图 3-7-8　地砖材质创建

	功能	材质	厚度	包络	结构材质	可变
1	面层 1 [4]	细石混凝土	10.0			
2	衬底 [2]	别墅-水泥砂浆	20.0			
3	**核心边界**	**包络上层**	**0.0**			
4	结构 [1]	钢筋混凝土	120.0		☑	
5	**核心边界**	**包络下层**	**0.0**			

图 3-7-9　车库楼板的功能层次

③ 绘制一层室内楼板。

选择"别墅-楼板 120-地砖"楼板类型,在绘制工具中选择"拾取墙"工具 ![],如图 3-7-10 所示。沿顺时针拾取外墙,如图 3-7-11(a)所示。更换"直线"工具绘制凸出墙体的入口平台轮廓,并用"拆分" ![] "修建" ![] 等命令编辑边界线,形成闭合轮廓,如图 3-7-11(b)所示。

图 3-7-10　楼板绘制方式

| (a)拾取墙 | (b)添加平台轮廓 |

图 3-7-11　1F 楼板轮廓的编辑

> **提示**
>
> 　　Revit 中,楼板、屋顶等构件在双击后进行轮廓编辑时,线条呈现紫红色,线条必须是单根,线段之间必须连续、不交叉、不断开,才能正常生成封闭的轮廓。否则会提示错误,无法完成编辑。

楼板轮廓线完成后点击 ✔ 确定,此时弹出对话框"是否希望将高达此楼层标高的墙附着到此楼层的底部?",选择"否",再次弹出对话框"楼板/屋顶与高亮显示的墙重叠。是否希望连接几何图形并从墙中剪切重叠的体积?",选择"是"接受该建议,从而在后期统计墙体体积时得到正确的体积,如图 3-7-12 所示。

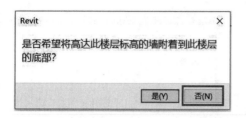 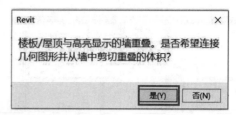

图 3-7-12 楼板编辑

采用同样的方法，选择"别墅-楼板 120-细石混凝土"楼板类型，在车库位置绘制混凝土楼板，注意车库标高为"-0.200"，因此实例属性中"自标高的高度偏移值"设置为-200，完成后的一层平面效果如图 3-7-13 所示。

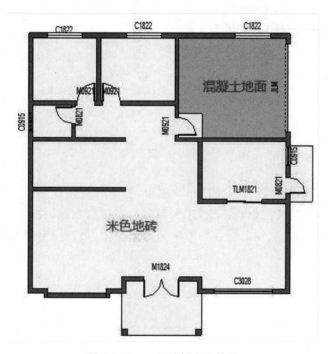

图 3-7-13 一层楼板完成效果

④ 绘制二层、三层的楼板。按照一层的绘图步骤，选择"别墅-楼板 120-米色地砖"楼板类型，设置完成相关参数后，在二层、三层的楼层平面上进行绘制，如图 3-7-14、图 3-7-15 所示。若各楼层轮廓、材质相同，也可以采用"复制"→"粘贴到标高"的方式快速创建。

别墅项目二、三层楼板的绘制

⑤ 所有楼板绘制完成后，将项目文件另存为"别墅-楼板"，完成对该项目楼板的创建。

提示

　　Revit 中，楼板创建完成后，双击选中的楼板，或者单击"编辑边界"按钮，可对楼板的轮廓进行二次修改。

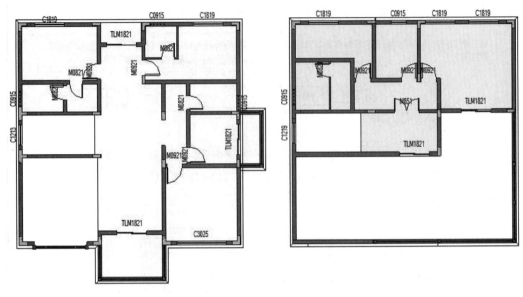

图 3-7-14 二层楼板完成效果 　　　　　图 3-7-15 三层楼板完成效果

3.7.4 真题实训

根据下图中给定的尺寸及详图大样新建楼板，顶部所在标高为 0.000，命名为"卫生间楼板"，构造层保持不变，用水泥砂浆层进行放坡，并创建洞口。请将模型以"楼板"为文件名保存到考生文件夹中。（第四期全国 BIM 技能等级一级考试真题）

真题讲解（楼板）

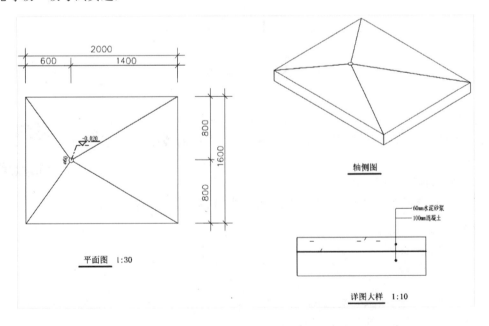

3.8　楼　　梯

◇ 知识引导

本节主要讲解建筑模块中楼梯的实际应用操作。楼梯作为建筑中联系上下交通重要的组成构件,其构造组成较复杂,在用软件操作前,必须弄清楚楼梯的组成元素、构造层次和作用,明白楼梯对建筑疏散的重要性,才能在建模过程中理解楼梯模型参数之间的关联性。

在 Revit 中可以通过草图和构件两种方式为建筑物添加楼梯。

基础知识点:

楼梯的组成,楼梯参数的识读,楼梯构造层次

基本技能点:

楼梯的创建与参数编辑,构件楼梯的绘制,草图楼梯的绘制,多层楼梯生成

3.8.1　创建楼梯

在 Revit 中先创建梯段构件、平台构件等多个构件,再通过构件组合形成楼梯。

楼梯构造

【执行方式】

功能区:"建筑"选项卡→"楼梯坡道"面板→"楼梯" 🗂 。

【操作步骤】

① 设置参数。执行上述操作,软件进入"修改|创建楼梯"模式,在属性栏的类型选择器下选择"整体浇筑楼梯",然后单击"编辑类型"按钮进入"类型属性"对话框,如图 3-8-1 所示,在对话框中设置各参数。参数关系及说明如下。

·最大踢面高度/最小踏板深度/最小梯段宽度:指单个踏步的踢面最大高度值、踏板最小宽度值及梯段最小宽度值,在后续进行楼梯实例参数设置时,实际踢面高度、踏板深度、梯段宽度均必须满足这几个条件,否则系统会弹出警告。

·计算规则:单击"编辑"按钮以设置楼梯计算规则,计算梯段相关参数。

·梯段类型:点击后面的 ▦ 按钮,可对梯段的结构深度、材质等结构参数进行设置。

·平台类型:点击后面的 ▦ 按钮,对平台的厚度、材质等结构参数进行设置。

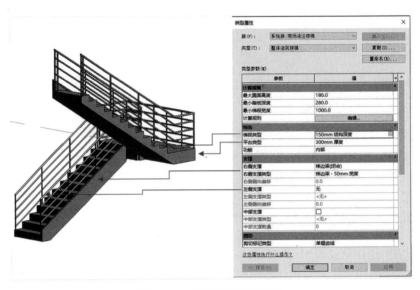

图 3-8-1 楼梯类型参数说明

下一步设置属性框中的实例参数,如"底部标高""底部偏移""顶部标高""顶部偏移""所需踢面数"等,如图 3-8-2 所示。

② 设置选项栏参数。

• 定位线:指绘图过程中楼梯的定位线,五种定位方式使绘图更加灵活,如图 3-8-3 所示。

• 偏移:指定楼梯的定位线与光标位置或选定的线或面之间的偏移。

• 实际梯段宽度:实际楼梯梯段宽度,按照楼梯构造要求,该数值应小于等于实际楼梯平台的净宽。

③ 绘制楼梯。

类型参数和实例参数设置完成后。将鼠标移动到平面视图的绘图区域中,单击楼梯梯段 1 起始位置。移动鼠标,这时软件会提示已创建的踢面数和剩余踢面数,如图 3-8-4 所示。

继续拖动鼠标至梯段 1 终点,单击鼠标,完成梯段 1 的绘制。将鼠标移动到梯段 2 起点并点击鼠标,此时可观察到中间平台自动生成。继续拖动鼠标,直到软件提示

图 3-8-2 楼梯实例属性

图 3-8-3　楼梯选项栏参数

"创建了 XX 个,剩余 0 个"时,再次点击鼠标,完成梯段 2 的绘制,如图 3-8-5 所示。此时楼梯三维模型已生成,楼梯各组成部分仍在编辑状态中,可以再次对踏步、平台等进行修改。

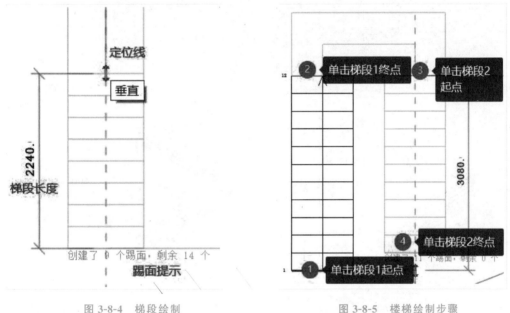

图 3-8-4　梯段绘制　　　　　　　　　　　图 3-8-5　楼梯绘制步骤

单击"楼梯"上下文选项卡下"工具"面板中的"栏杆扶手"按钮 ,在弹出的"栏杆扶手"对话框中设置栏杆扶手的类型和放置位置,如图 3-8-6 所示。

图 3-8-6　楼梯栏杆扶手设置

单击"完成编辑模式" ,完成楼梯绘制,切换到三维视图中查看效果。如果需要对楼梯做修改调整,可以双击楼梯,或者选择楼梯,单击"修改丨楼梯"下的"编辑楼梯" 进入编辑状态,修改草图以达到设计要求。

④ 生成多层楼梯。

当建筑物有多层,且层高、梯段参数等均相同时,可先绘制一层楼梯,然后通过设置多层楼梯方式一次性生成其他楼层楼梯。

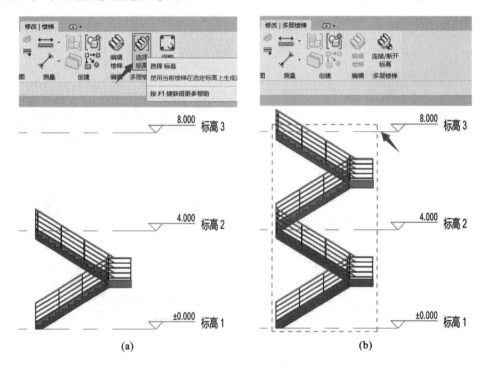

图 3-8-7　生成多层楼梯

在平面、立面或者三维视图单击选择绘制好的一层楼梯,如图 3-8-7(a)所示,点击"修改|楼梯"选项卡中"多层楼梯"面板下的"选择标高"按钮 🖎,页面弹出"转到视图"对话框,选择一立面,单击"打开视图"进入立面视图,如图 3-8-7(b)所示,鼠标点击楼梯顶部标高线后,单击 ✔ 完成绘制,多层楼梯自动生成。

生成的楼梯不能编辑,若要修改,先要断开多层楼梯。点击"修改|多层楼梯"选项卡下"连接/断开标高"按钮 🖎,再点击"断开标高"按钮 🖎,拾取标高线后点击"确定" ✔ 完成断开。

3.8.2　实操实练——别墅楼梯的创建

① 打开"别墅-楼板"项目,在项目浏览器下展开楼层平面目录,双击"1F"名称进入一层平面视图。

② 绘制楼梯的参照线。点击"建筑"选项卡下的"参照平面"按钮 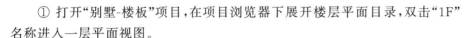,在楼梯间距离②号轴线左侧 260 mm 处绘制一个参照平面,如图 3-8-8 中虚线所示。

③ 设置类型属性。

a. 单击"建筑"选项卡下的"楼梯"按钮,在属性栏中"类型选择器"中选择整体浇筑楼梯类型。

b. 单击"编辑类型",在弹出的"类型属性"中,设置最大踢面高度 150、最小踏板深度 270、最小梯段宽度 1100。设置梯段类型以及平台类型,将楼梯功能设置为内部,完成后单击"确定"按钮保存并返回,如图 3-8-9 所示。

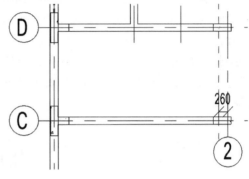

图 3-8-8　楼梯参照线

④ 设置实例属性。设置楼梯的底部标高为 1F,顶部标高为 2F,底部偏移、顶部偏移均为 0。设置所需踢面数为 24,实际踏板深度为 270,如图 3-8-10 所示。

別墅项目
楼梯的绘制

图 3-8-9　楼梯类型属性　　　　　图 3-8-10　楼梯实例属性

⑤ 设置选项栏。定位线选择"梯段:右",实际梯段宽度为 1100,如图 3-8-11 所示。

| 定位线:梯段:右 | ∨ | 偏移: 0.0 | 实际梯段宽度: 1100.0 | ☑自动平台 |

图 3-8-11 楼梯选项栏

⑥ 绘制一层楼梯。

将鼠标光标移动到绘制楼梯的区域,操作步骤如图 3-8-12 所示。在参照平面与①墙交接处单击鼠标作为楼梯的起点,向左拖动鼠标,创建完成 13 个踢面后点击鼠标,完成梯段 1 的创建。然后向向下滑动至ⓒ墙边,点击鼠标,楼梯平台自动生成。再将鼠标向右移动创建剩余的 11 个踢面后点击鼠标。注意观察梯段边界、平台边界与墙边的关系,通过拖动"造型操纵柄" ◀ 将楼梯边界与墙边对齐。单击"确定"按钮 ✔ 退出楼梯编辑模式,楼梯即生成。

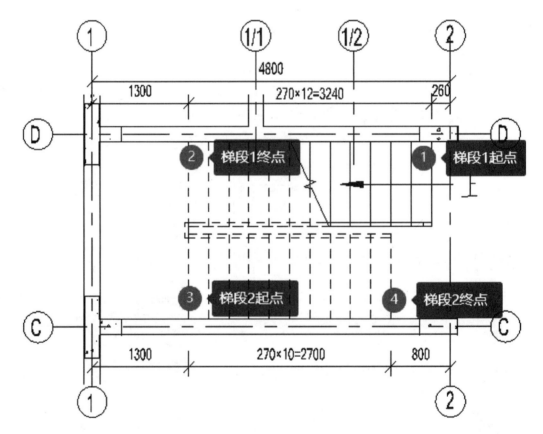

图 3-8-12 一层楼梯平面

⑦ 删除楼梯靠墙面一侧栏杆扶手,完成一层楼梯的绘制。

⑧ 同理,绘制二层楼梯,梯段 1 和梯段 2 均为 11 个踢面,其他参数与一层楼梯相同,如图 3-8-13 所示。将项目文件保存为"别墅-楼梯",完成对该项目楼梯的创建。

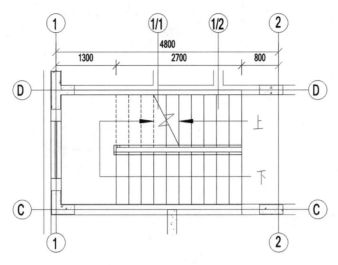

图 3-8-13　二层楼梯平面

3.8.3　真题实训

按照给出的弧形楼梯平面图和立面图,创建楼梯模型,其中楼梯宽度为 1200 mm,所需踢面数为 21,实际踏板深度为 260 mm,扶手高度为 1100 mm,楼梯高度参考给定标高,其他建模所需尺寸可参考平、立面图自定。结果以"弧形楼梯.rvt"为文件名保存在考生文件夹中。(第一期全国 BIM 技能等级一级考试真题)

真题讲解(楼梯)

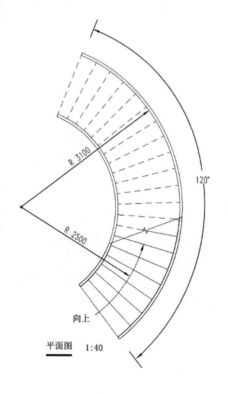

平面图　1:40

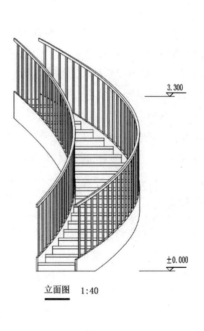

立面图　1:40

3.9 坡 道

本节利用坡道工具将坡道添加到建筑模型中。坡道是连接室内外高差的一个建筑组成部分,建模前先清楚坡道的组成和类型,明白设计规范对参数的影响。绘图时要注意坡道的坡度设置。

坡道的创建与楼梯类似,由边界、踢面和中心线三部分组成。

基础知识点:

坡道的种类,坡道的识图,坡道设计规范

基本技能点:

不同类型坡道绘制,坡道的编辑

3.9.1 坡道属性

【执行方式】

功能区:"建筑"选项卡→"楼梯坡道"面板→"坡道" ◿ 。

【操作步骤】

① 点击"坡道"进入坡道编辑界面,在"属性栏"下选择坡道类型。

② 设置坡道类型属性。

单击"编辑类型"弹出"类型属性"对话框,进行坡道造型和坡度设置,如图 3-9-1 所示。

③ 设置坡道实例属性。

设置坡道的底部标高、顶部标高及坡道的宽度,当坡道有多层时可设置"多层顶部标高"。

> 提示
>
> Revit 绘制坡道时,注意参数必须满足"最大斜坡长度"和"坡道最大坡度"两个限定项,否则会弹出"坡道长度不足"的警告。

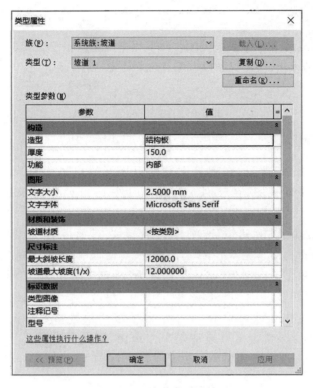

图 3-9-1　坡道类型属性

3.9.2　坡道的绘制

【操作步骤】

① 点击"坡道"进入坡道编辑界面,在属性栏"类型选择器"下选择坡道类型。

设置完各类参数后,通过"绘制"面板上的"梯段""边界""踢面"按钮进行绘制,如图 3-9-2 所示。方法与楼梯类似,用"梯段"绘制有"直线"绘制和"圆点-端点弧"绘制两种方式,对应生成的坡道为直线坡道和环形坡道。其他类型坡道通过编辑"边界""踢面"来绘制。

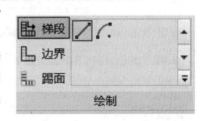

图 3-9-2　坡道绘制面板

② 以"梯段"绘制为例,设置好实例属性中的限制条件,在绘图区域任一位置单击作为坡道起点,拖动鼠标到坡道末端再单击,坡道草图即绘制完成。草图由绿色边界、踢面和中心线组成,可以二次编辑。

③ 设置坡道栏杆,单击"工具"面板中的"栏杆扶手"按钮,在弹出的对话框中选择栏杆扶手类型,单击"确定"返回。

④ 单击"完成"按钮,完成坡道的绘制。如果不需要栏杆,则选中后按 Delete 键删除。

提示

　　Revit 完成坡道绘制后,若向上、向下的方向反了,可选中坡道,点击在中心线末端出现的→,可以调整向上或者向下的方向。

3.9.3　实操实练——别墅车库坡道的创建

别墅项目
坡道创建

① 打开"别墅-楼梯"项目,在项目浏览器下展开楼层平面目录,双击"1F"名称进入一层平面视图,在轴网⑤处卷帘门外 1600 mm 处绘制参照平面。

② 设置类型属性。单击"建筑"选项卡→"楼梯坡道"面板→"坡道"，在属性栏中点击"编辑类型",在弹出的"类型属性"对话框中,复制创建"别墅-坡道-混凝土"类型,并设置造型为"实体"、功能为"外部"、材质为"混凝土"，"尺寸"根据建筑需要调整,具体数据如图 3-9-3 所示,单击"确定"返回绘图界面。

③ 设置实例属性并绘制。如图 3-9-4 所示,在实例属性参数中设置坡道约束条件和宽度,注意坡道连接的标高为室外地坪至车库地面,因此顶部标高为"1F",顶部偏移为"-200.0"。鼠标点击参照平面作为坡道起点,然后向左移动至⑤号轴网处再单击鼠标,完成坡道草图。

图 3-9-3　坡道类型属性修改

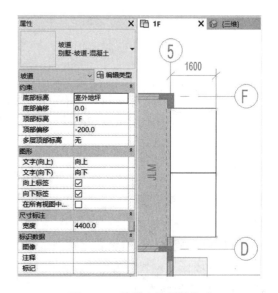

图 3-9-4　坡道实例属性修改

④ 鼠标单击"完成"按钮 ，再删除坡道两边栏杆,完成坡道绘制,如图 3-9-5 所示,并将项目文件另存为"别墅-台阶.rvt"。

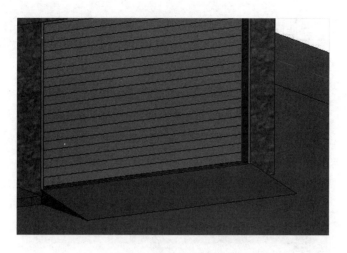

图 3-9-5 坡道完成

3.10 台　　阶

◇ 知识引导

在 Revit2020 中没有专门的绘制台阶的工具,台阶可以通过楼梯、楼板边缘等方式创建。建模前先根据图纸想象台阶的形式,再根据台阶的类型与组成,结合尺寸数据,思考利用何种方式进行创建。

基础知识点:
台阶的组成与设计规范
基本技能点:
台阶的创建,台阶的绘制与编辑,异形台阶创建

3.10.1　台阶的创建

当台阶的形式为多面台阶时,采用楼板边缘创建更便捷。下文中的台阶以室外楼板边为基础,先创建台阶轮廓,再通过主体放样方式生成。

【执行方式】

功能区:"建筑"选项卡→"楼板"面板→"楼板:楼板边"　。

【操作步骤】

(1)楼板边缘类型属性

点击"建筑"选项卡→"构建"面板→"楼板"工具,在下拉菜单中选择"楼板:楼板边"按钮,在属性栏下点击"编辑类型"按钮,弹出"类型属性"对话框,如图 3-10-1 所示,参数如下。

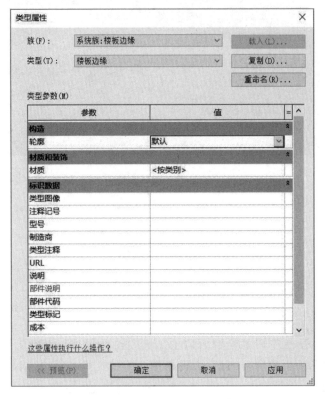

图 3-10-1　楼板边缘类型属性

· 轮廓:选择楼板边缘的轮廓,默认有楼板边缘-加厚和槽钢两种,可通过新建轮廓族再载入的方式添加。

· 材质:选择楼板边缘轮廓族的材质。

(2)轮廓族属性

单击"文件"→"新建"→"族",在弹出的"新族-选择样板文件"对话框中选中"公制轮廓",如图 3-10-2 所示。单击"打开"进入轮廓族编辑模式,轮廓族的属性在"创建"选项卡下的"属性"面板中,主要包含族类别与族参数、族类型两项。

提示

　　在 Revit 中,所有构件均为"族",如墙族、门族等。建模时一般用系统自带的族文件,非常用构件需要通过新建族的方式进行创建。采用"楼板边缘"创建台阶的方式即属于此类型。

图 3-10-2 新建公制轮廓族

3.10.2 实操实练——别墅入口台阶的创建

用软件打开"别墅-台阶"项目。

别墅项目
台阶创建

采用楼板边缘方式创建别墅入口台阶,首先根据台阶尺寸创建轮廓族,载入项目后通过拾取楼板边缘生成台阶。具体步骤如下。

(1)创建台阶轮廓族

单击"文件"→"新建"→"族",在弹出的对话框中选中"公制轮廓"。

单击"打开"进入轮廓族编辑模式,在该编辑模式默认视图中软件提供一组正交的参照平面,参照平面的交点位置,可以理解为在使用楼板边缘工具时所要拾取的楼板边线位置。使用"创建"选项卡→"详图"面板→"线"工具 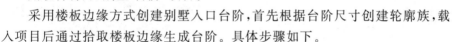,按照如图 3-10-3 所示的尺寸和位置绘制封闭的轮廓草图。

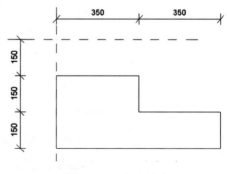

图 3-10-3 台阶尺寸

(2)定义轮廓族

编辑族参数。单击"创建"→"属性"→"族类别与族参数"按钮 ,将"族参数"中的"轮廓用途"下拉菜单打开,选中"楼板边缘"并点击"确定",如图 3-10-4 所示。

编辑族类别。单击"创建"→"属性"→"族类型" 🔲,点击"新建类型"按钮 🔲,在弹出的"名称"对话框中输入"350×150 mm",如图 3-10-5 所示。

单击"保存"按钮,在弹出的"另存为"对话框中,选择文件保存路径,将文件命名为"台阶轮廓"后点击保存。单击"族编辑器"面板中的"载入到项目中"按钮 🔲,将该族载入别墅项目中。此时在项目中"族"类别下"轮廓"中能找到"台阶轮廓:350×150 mm"。

图 3-10-4　族参数修改

图 3-10-5　新建族类型

（3）定义楼板边缘参数

单击"建筑"选项卡→"构建"面板→"楼板"工具，在下拉菜单中选择"楼板：楼板边"按钮 。在属性栏下点击"编辑类型"，在弹出的"类型属性"中，复制类型并命名为"别墅-台阶-350×150"，在下方"轮廓"下拉选项中选择"台阶轮廓：350×150 mm"，材质修改为"别墅-米色地砖"，如图 3-10-6 所示。修改完成后，单击"确定"按钮。

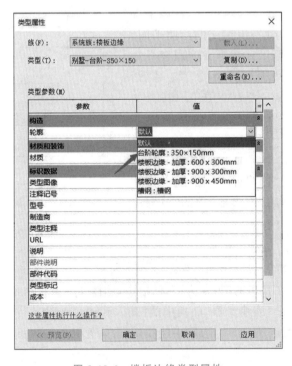

图 3-10-6　楼板边缘类型属性

（4）生成台阶

将鼠标放在室外平台上边缘，软件拾取到边缘线时该线呈选中状态，如图 3-10-7 所示。单击鼠标生成台阶。若有多个面，则多次拾取即可，完成后按 Esc 键退出绘制模式。将该项目另存为"别墅-台阶.rvt"。

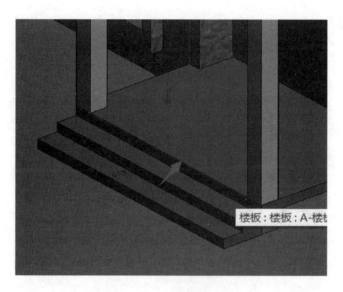

图 3-10-7　拾取楼板边缘

3.10.3　真题实训

根据给定尺寸建立台阶模型，图中所有曲线均为圆弧，请将模型以"台阶"为文件名保存。（图学会第十二期《全国 BIM 技能等级考试》一级考试真题）

真题讲解（台阶）

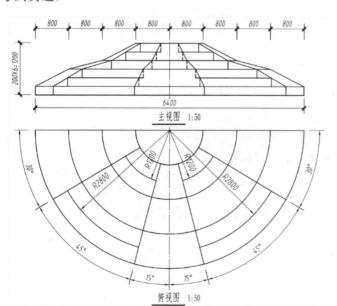

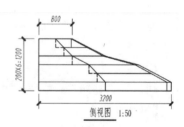

3.11 栏杆、扶手

本节利用栏杆扶手工具创建各种样式的栏杆。栏杆扶手在建筑中起到保护作用，一般设置在有高差的位置，如楼梯、坡道、悬空的走廊、阳台、露台，或者窗台高度不足900 mm 的飘窗、玻璃幕墙等处。在创建栏杆扶手时，首先要清楚栏杆扶手系统的标高位置，选择何种创建方式；其次要明白其形式与组成要素，通过属性编辑达到创建要求。

基础知识点：

栏杆扶手的作用和位置，栏杆扶手图纸识读

基本技能点：

不同样式栏杆的绘制，栏杆族的载入，栏杆扶手系统的主体附着

3.11.1 栏杆的主体设置

栏杆主体是指栏杆依附的主体对象，默认情况下为当前标高，在某些情况下需要单独指定栏杆主体，如在坡道、楼梯上绘制栏杆时，需要指定坡道、楼梯作为栏杆主体。

3.11.2 栏杆的属性设置

作为系统族的栏杆扶手，在绘制扶手前，需要设置栏杆属性，包括类型属性和实例属性。

【执行方式】

功能区："建筑"选项卡→"楼梯坡道"面板→"栏杆扶手"下拉菜单→"绘制路径"。

【操作步骤】

① 单击"绘制路径"，在属性栏的"类型选择器"中选择栏杆类型。

② 点击"编辑类型"进入类型属性对话框，如图 3-11-1 所示，参数说明如下。

· 栏杆扶手高度：设置栏杆扶手中最高扶栏的高度，数值在下方"顶部扶栏"栏的"高度"中进行修改。

· 扶栏结构(非连续)：单击"编辑"按钮，在弹出的对话框中设置扶手的参数信息，可设置扶手的数量、名称、高度、偏移、轮廓、材质等结构信息，如图 3-11-2 所示。

· 栏杆位置：单击"编辑"按钮，在弹出的对话框中设置栏杆的样式，如图 3-11-3 所示。

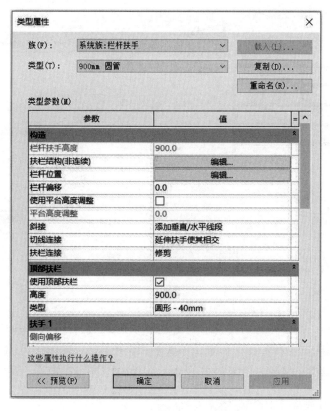

图 3-11-1   栏杆扶手类型属性

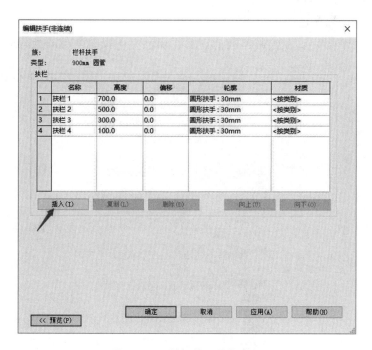

图 3-11-2   栏杆扶手结构参数

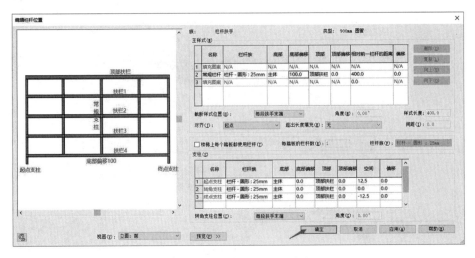

图 3-11-3　栏杆扶手位置参数

提示

　　Revit 中，多段栏杆的绘制必须是连续不间断的，栏杆起点和终点对应生成"起点支柱""终点支柱"，中间鼠标点击一次便生成一个转角支柱。

　　"栏杆族"根据栏杆形式的需要进行选择，可以通过"载入"的方式添加更多类型。

③ 栏杆扶手的实例属性。

设置完成类型属性后，在绘制路径前还需在属性栏下设置实例属性，如"底部标高""底部偏移"等参数，如图 3-11-4 所示。

图 3-11-4　栏杆扶手的实例属性

3.11.3　栏杆的绘制

栏杆的绘制方法有两种,分别为绘制路径生成栏杆扶手和拾取主体生成栏杆扶手。

① 绘制路径方式。

将工作平面切换至楼层平面视图。点击"建筑"选项卡→"楼梯坡道"面板→"栏杆扶手"下拉菜单→"绘制路径",进入绘图模式,在绘图区域绘制栏杆路径草图,单击"完成"按钮 ✓,在三维模式中查看栏杆效果。

② 拾取主体方式。

此方法是基于楼梯主体的栏杆扶手,在创建栏杆前,需要有相应楼梯、坡道、平台等主体。

a. 单击"建筑"选项卡→"楼梯坡道"面板→"栏杆扶手"下拉菜单→"放置在楼梯/坡道上",在属性栏的类型选择器中选择栏杆类型。

b. 在上下文选项卡的"位置"面板上,单击选择"踏板"或"梯边梁",如图 3-11-5 所示。将鼠标光标放在主体构件时,主体将高亮显示,单击鼠标左键,软件自动在主体边界位置生成相应的栏杆扶手。

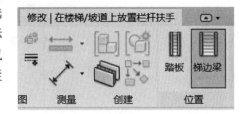

图 3-11-5　栏杆位置选择

> **提示**
>
> 　　Revit 中,当栏杆路径有高差且并不与主体重合时,可通过选择"绘制路径"再点击"拾取新主体"的方式来创建。

3.11.4　实操实练——别墅项目栏杆的绘制

别墅项目
栏杆绘制

项目中别墅栏杆添加的位置在二层阳台和三层露台处,栏杆由方形支柱和横向扶栏共同组成。下面采用"绘制路径"方式进行栏杆的创建,先绘制栏杆下挡水边,再通过载入栏杆族、编辑栏杆类型属性进行造型设计,然后绘制栏杆路径,最后生成栏杆。

1. 绘制栏杆下挡水边

在项目浏览器中将视图切换到"2F",鼠标单击"建筑"选项卡→"构建"面板→"墙",在属性栏的"类型选择器"中选择"别墅-外墙 220-文化石"类型。修改实例属性为"底部约束 2F,底部偏移－400.0,顶部约束直到标高:2F,顶部偏移 200.0",如图 3-11-6 所示。沿顺时针方向,用"直线"工具绘制二层阳台挡水边。

视图切换到"3F",选择"别墅-外墙 220-文化石"类型。修改实例属性为"底部约束 3F,底部偏移 0.0,顶部约束直到标高:3F,顶部偏移 200.0"。沿顺时针方向,用"直线"工具绘制三层露台挡水边。

图 3-11-6　挡水边实例属性

2. 二层阳台栏杆绘制

（1）属性编辑

① 载入栏杆族。

单击"插入"→"载入族"，在弹出的对话框中选择"建筑"→"栏杆扶手"→"中式栏杆"→"中式立筋龙骨 1：中式"，点击"打开"，将族载入项目中，同时返回到绘图区域。

② 类型属性编辑。

在项目浏览器中将视图切换到"2F"，鼠标单击"建筑"选项卡→"楼梯坡道"面板→"栏杆扶手"下拉菜单→"绘制路径"，如图 3-11-7 所示。

打开类型属性对话框。在属性栏中选择栏杆类型"900 mm-圆管"，点击"编辑类型"，如图 3-11-8 所示，复制创建"别墅-栏杆 900-转角支柱"的栏杆类型，修改"高度""类型"等参数。

图 3-11-7　栏杆绘制

> **提示**
>
> 　　建筑规范要求室外栏杆不低于 1050 mm，此处栏杆设置为 900 mm，栏杆下有 200 mm 挡水边，加起来栏杆高 1100 mm，满足规范要求。

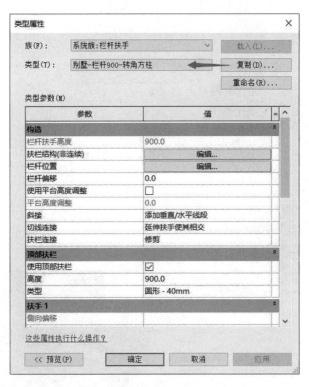

图 3-11-8 类型属性参数修改

编辑栏杆造型。单击"栏杆位置"后的"编辑"按钮,如图 3-11-9 所示,在"转角支柱"类型下拉选项中选择"中式立筋龙骨 1:中式",单击"确定"两次返回绘图区域。

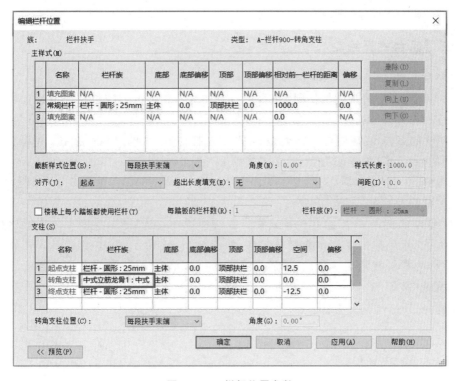

图 3-11-9 栏杆位置参数

③ 实例属性编辑。

修改栏杆的约束条件,如图 3-11-10 所示。

约束	
底部标高	2F
底部偏移	200.0
从路径偏移	0.0

图 3-11-10　实例参数

(2)绘制栏杆路径

属性设置完成后,沿挡水边中心线绘制栏杆路径,如图 3-11-11 所示。单击"完成"按钮✔,完成入口上方阳台栏杆的绘制,效果如图 3-11-12 所示。

二层东侧阳台的绘制方法与上述方法相同。

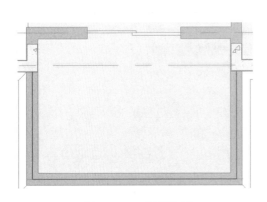

图 3-11-11　栏杆路径

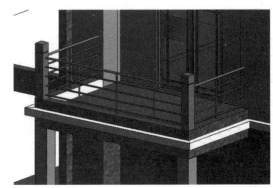

图 3-11-12　栏杆完成效果

3. 三层露台栏杆绘制

(1)属性设置

在项目浏览器中将视图切换到"3F",用与上述操作相同的方法进行三层露台栏杆的绘制,在属性栏中打开"编辑类型",在弹出的"类型属性"对话框中点击"复制",创建名字为"别墅-栏杆 900-起点转角支柱"的栏杆类型。单击"栏杆位置"后的"编辑"按钮,将起点支柱和转角支柱的"栏杆族"均修改为"中式立筋龙骨 1:中式",如图 3-11-13 所示。

将实例属性中"底部标高"设为"3F","底部偏移"设为"200.0",如图 3-11-14 所示。

(2)栏杆路径绘制

属性参数完成后,开始绘制栏杆路径。在选项栏中勾选"链",绘制多段连续栏杆。在轴线②和Ⓐ交点处单击鼠标作为栏杆起点,如图 3-11-15 所示,在中点 1、2、3 处分别单击鼠标一次作为栏杆转角支柱落点,最后在终点处再次单击鼠标,完成栏杆路径的绘制。然后点击"完成"按钮✔,打开三维视图查看栏杆绘制情况,如图 3-11-16 所示,并将项目另存为"别墅-栏杆. rvt"。

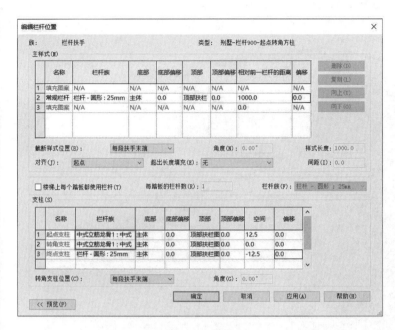

图 3-11-13　修改栏杆族　　　　　　　图 3-11-14　修改实例属性

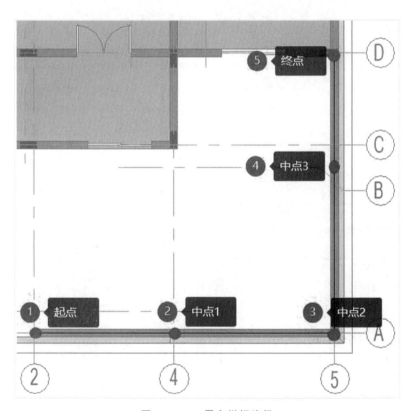

图 3-11-15　露台栏杆路径

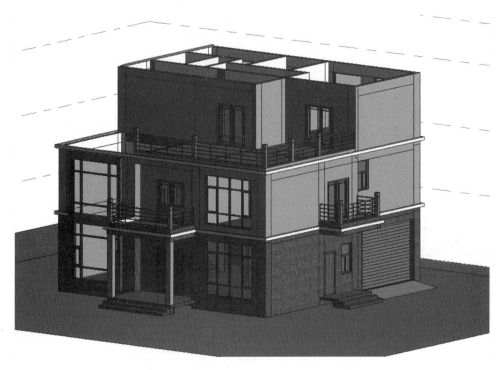

图 3-11-16　栏杆三维效果

3.11.5　真题实训

下图为某栏杆,请按照图示尺寸要求新建并制作栏杆的构建集,截图尺寸除扶手外其余栏杆均相同。材质方面,扶手及其他栏杆材质设为"木材",挡板材质设为"玻璃",最终结果以"栏杆"为文件名保存到电脑中。(第四期全国BIM 技能等级一级考试真题)

真题讲解(栏杆)

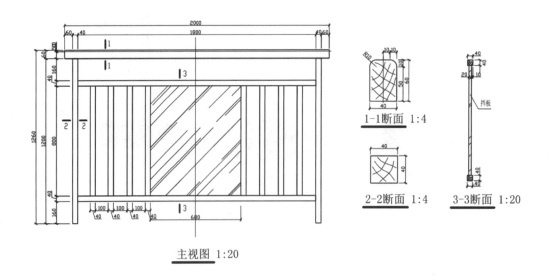

3.12   屋   顶

◇ 知识引导

本节利用屋顶工具创建各个样式的屋顶。屋顶作为建筑重要的维护和造型构件,要清楚屋顶的组成、构造节点和作用。应反复练习,运用软件中不同的方法进行屋顶设计,提高空间想象能力和绘图速度。

基础知识点:

屋顶的类型,屋顶的组成,屋顶的创建方法

基本技能点:

迹线、拉伸屋顶的创建,屋顶的编辑,底板、封檐板创建,老虎窗创建

3.12.1   屋顶构造

屋顶的构造,包括屋顶的功能、材质和厚度设置等。

【执行方式】

功能区:“建筑”选项卡→“构建”面板→“屋顶”下拉菜单→“迹线屋顶”。

【操作步骤】

① 执行上述操作,在“屋顶”属性栏“类型选择器”中选择屋顶类型。

② 单击编辑类型,打开“类型属性”对话框,点击“结构”→“编辑”,弹出“编辑部件”对话框。

③ 屋顶构造设置。

系统默认的楼板已有部分结构功能,需要通过插入其他功能结构层以完善构造层次。原理和操作方法与墙体、楼板相似,插入功能行、调整构造层顺序、选择功能类型、赋予材质及输入厚度,如图 3-12-1 所示。

④ 单击“确定”按钮完成屋顶的构造设置。

3.12.2   屋顶的创建方式

在 Revit 软件中,屋顶创建方式主要有三种,分别是迹线屋顶、拉伸屋顶和面屋顶,在“建筑”选项卡下的“屋顶”下拉菜单中可以查看到,如图 3-12-2 所示。

屋顶创建方式

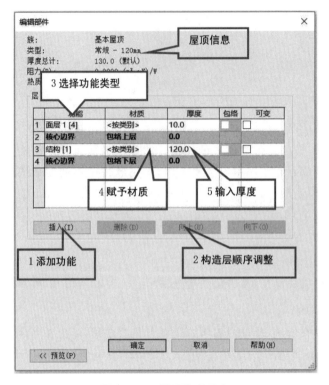

图 3-12-1　屋顶构造层次

1. 迹线屋顶的创建与修改

迹线屋顶,即创建屋顶时使用建筑迹线定义其边界,在楼层平面视图或天花板投影平面视图进行创建。

【操作步骤】

① 在项目浏览器中将操作界面切换到屋顶楼层平面。

② 单击"建筑"选项卡→"构建"面板→"屋顶"下拉菜单→"迹线屋顶" 。

③ 设置屋顶实例属性,如图 3-12-3 所示。

④ 设置屋顶选项栏。

在屋顶草图绘制模式下,可以设置屋顶选项栏参数,如图 3-12-4 所示。

·定义坡度:勾选与否决定是否为屋顶的边界线定义坡度,平屋顶可不勾选,勾选后,草图线上出现坡度符号 ,选中线段可设置坡度。

·悬挑:设置悬挑数值。

·延伸到墙中(至核心层):设置悬挑基准,勾选后悬挑为从屋顶边到外部核心墙的悬挑尺寸。

⑤ 绘制迹线。

设置各参数后,即可绘制迹线,为屋顶绘制或拾取一个闭合的环,单击"完成编辑模式" 。

若要修改某一边坡度,选择该草图线,在属性框中尺寸标注下"坡度"的数值框中输入修改后的数值即可,也可以在绘图区域中单击尺寸值修改,如图 3-12-5 所示。

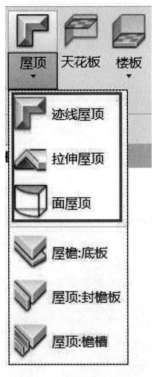

图 3-12-2　屋顶创建方式

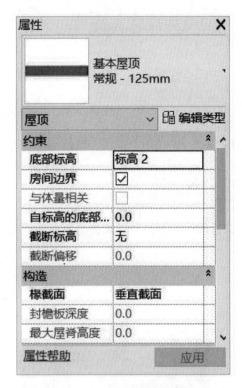

图 3-12-3　屋顶实例属性

图 3-12-4　屋顶选项栏

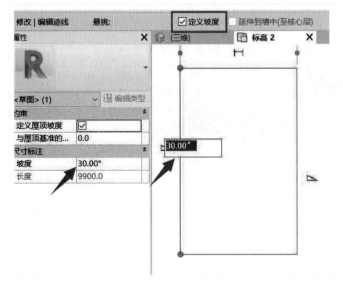

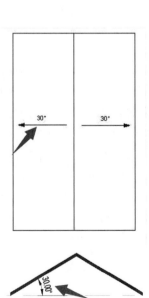

图 3-12-5　屋顶坡度设置与表达

若某一条迹线无坡度,选择该草图线,在选项栏中取消勾选"定义坡度"。

单击"修改"选项卡中的"完成编辑模式" ✔ 按钮完成迹线的绘制。

> **提示**
>
> Revit 中,迹线屋顶草图线上出现坡度符号,表示屋顶朝着这条迹线所在方向找坡。

2. 拉伸屋顶的创建与修改

拉伸屋顶是指通过拉伸绘制的轮廓线来创建屋顶,如图 3-12-6 所示。

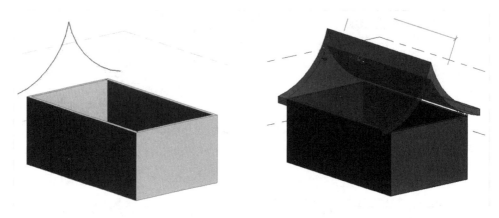

图 3-12-6 拉伸屋顶创建

【操作步骤】

① 在项目浏览器中将操作界面切换到屋顶楼层平面。

② 单击"建筑"选项卡→"构建"面板→"屋顶"下拉菜单→"拉伸屋顶" ⌂ 。

③ 设置工作平面。

执行"拉伸屋顶"操作后,软件弹出"工作平面"对话框,指定一个新的工作平面。以"拾取一个平面"为例,如图 3-12-7 所示,点击该选项后单击"确定"。视图转到平面,鼠标呈十字光标形式,如图 3-12-8 所示拾取墙线。软件弹出"转到视图"对话框,如图 3-12-9 所示。选择某一立面视图,如"立面-东",设置"屋顶参照标高和偏移",如图 3-12-10 所示。然后点击"确定"后进入东立面视图,进行屋顶轮廓的编辑。

> **提示**
>
> 工作平面指用 Revit 创建构件图元时图元所在的基准面,工作过程中应当严格规范控制图元的基准面。

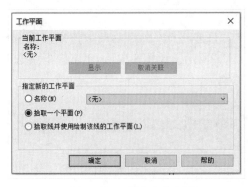

图 3-12-7 指定工作平面

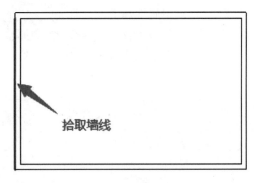

图 3-12-8 拾取墙线

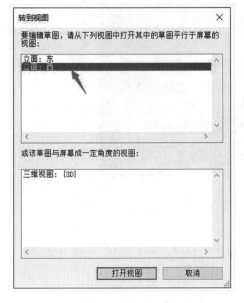

图 3-12-9 转到视图

图 3-12-10 设置标高和偏移

④ 绘制轮廓。

使用"绘制"面板下的工具,绘制开放形式的屋顶轮廓,如图 3-12-11 所示。

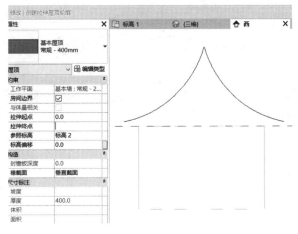

图 3-12-11 绘制屋顶轮廓

⑤ 设置类型属性和实例属性。

类型属性设置同"迹线屋顶"。实例属性参数中，"拉伸起点/终点"后的数值指屋顶拉伸起点/终点与拾取线所对应垂直面的距离，如图 3-12-12 所示。设置完成后，单击上下文选项卡下的"完成"按钮 ✔ 完成轮廓的绘制，生成拉伸屋顶。

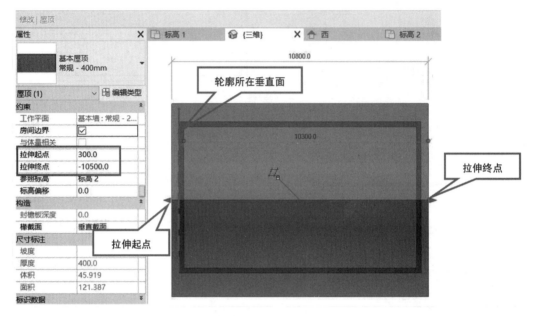

图 3-12-12　屋顶拉伸参数设置

⑥ 修改调整。

若要继续修改屋顶的样式，可以通过双击屋顶，或者选择屋顶，单击"编辑轮廓"进入草图模式进行调整。

> 提示
>
> 　　屋顶拉伸起点和终点可以通过实例参数进行设置，也可以在选中状态通过"造型操控柄" ► 进行拉伸操作。

3. 面屋顶的创建与修改

面屋顶是指通过拾取体量表面来创建屋顶。在项目中进行面屋顶创建前，需先建立体量模型，此处内容参见"学习单元 9　族与体量"。

【操作步骤】

① 为方便操作，将视图切换到三维状态。

② 点击"体量和场地"选项卡→"概念体量"面板→"显示体量形状与楼层"命令 📦，显示体量曲面，如图 3-12-13 所示。

③ 单击"建筑"选项卡→"构建"面板→"屋顶"下拉菜单→"面屋顶" 🗔 。

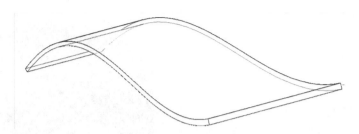

图 3-12-13　显示体量

④ 设置屋顶类型,在屋顶实例属性下拉菜单中选择要创建的屋顶类型。

⑤ 拾取屋面表面,当表面为多重曲面时,可连续拾取。注意拾取曲面时,光标将指示是正在添加(＋)面还是正在删除(－)面,点击一次选中后再次点击则删除。完成后,单击"修改|放置面屋顶"选项卡→"多重选择"面板→"创建屋顶"🗄,曲面屋顶即绘制完成,如图 3-12-14 所示。

图 3-12-14　绘制曲面屋顶

⑥ 点击"按视图设置显示体量"🗔取消体量显示,效果如图 3-12-15 所示。

图 3-12-15　取消体量显示

3.12.3　屋顶构件的创建

如图 3-12-16 所示,采用"迹线屋顶"绘制双坡屋顶,模型还需要添加底板、封檐板、檐槽等构件及墙体附着到屋顶来进行完善。

① 添加屋檐底板,如图 3-12-17 所示。

通过拾取屋顶和墙体相关要素,生成屋檐底板。

操作方式为单击"建筑"选项卡→"构建"面板→"屋顶"下拉菜单→屋檐底板。

② 添加屋顶封檐板,如图 3-12-18 所示。

通过创建屋顶封檐带可以为屋顶、屋檐底板和其他封檐带边缘及模型线添加封檐板。

操作方式为单击"建筑"选项卡→"构建"面板→"屋顶"下拉菜单→屋顶封檐板。

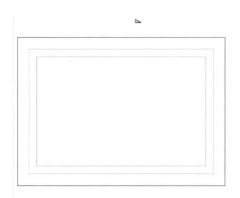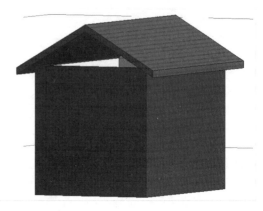

图 3-12-16　迹线绘制的坡屋顶

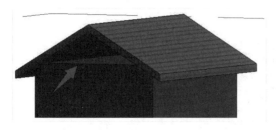

图 3-12-17　添加屋檐底板　　　　　　　　图 3-12-18　添加屋顶封檐板

③ 添加屋顶檐槽。

屋顶檐槽的创建方式和屋顶封檐板一致,完成效果如图 3-12-19 所示。

④ 墙体附着屋顶。

鼠标选中山墙,点击"附着顶部/底部" ⬚ ,再单击要附着的屋顶,山墙即附着完成,如图 3-12-20 所示。

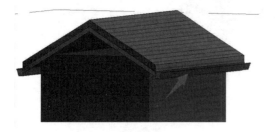

图 3-12-19　添加屋顶檐槽　　　　　　　　图 3-12-20　墙体附着屋顶

提示

　　Revit 中,封檐板和檐槽的轮廓除了选择系统默认的类型外,还可通过单击"文件"选项→"新建-族",在弹出的"新族-选择样板文件"中找到"公制轮廓"进行自定义,完成后载入项目中即可选用。

3.12.4　老虎窗的创建与修改

老虎窗是一种开在屋顶上的天窗,也就是在斜屋面上凸出的窗,用于房屋顶部的采光和通风。老虎窗基于屋顶创建。

【执行方式】

功能区:"建筑"选项卡→"洞口"面板→"老虎窗"。

【操作步骤】

采用"迹线屋顶"绘制主、次屋顶,以次屋顶为边界创建墙体,如图 3-12-21、图 3-12-22 所示。

图 3-12-21　相交屋顶创建　　　　　　　　图 3-12-22　绘制相关墙体

(1)处理构件间连接关系

① 墙体底部附着。选中三面墙体作为附着构件,然后点击"修改|墙"→"附着顶部/底部" ▯ ,选项栏中选择"底部"。鼠标点击主屋顶作为被附着构件,此时墙体底部自动附着到主屋顶,附着前后效果如图 3-12-23(a)、(b)所示。

② 墙体顶部附着。同理,先选中三面墙体,再点击附着工具 ▯ ,选择"顶部"后单击次屋顶,将墙体底部附着到次屋顶,如图 3-12-23(c)、(d)所示。

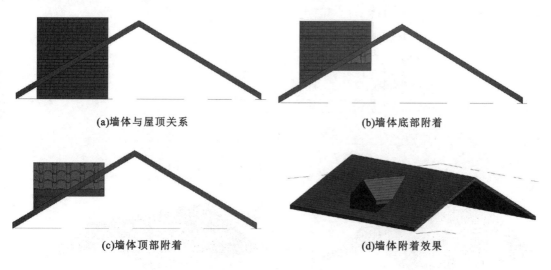

(a)墙体与屋顶关系　　　　　　　　　　(b)墙体底部附着

(c)墙体顶部附着　　　　　　　　　　　(d)墙体附着效果

图 3-12-23　墙体附着屋顶

③ 连接次屋顶与主屋顶。单击"修改"选项卡→"几何图形"面板→"连接/取消连接屋顶"按钮 ▣ 。根据"状态栏"提醒进行操作,点击选择次屋顶要连接的一条边,再点击主屋顶,连接成功,如图 3-12-24 所示。

图 3-12-24　屋顶连接

（2）创建老虎窗

单击"建筑"选项卡→"洞口"面板→"老虎窗"按钮 。鼠标先点击要被洞口剪切的主屋顶,再拾取老虎窗边界,边界由三面墙体和次屋顶围合而成。注意若拾取的是墙体外边缘,点击线段,使用"翻转"符号 翻转到墙体内边缘,再通过修建草图线使其成为闭合区域,如图 3-12-25、图 3-12-26 所示。单击"完成"按钮 生成屋顶,如图 3-12-27 所示。

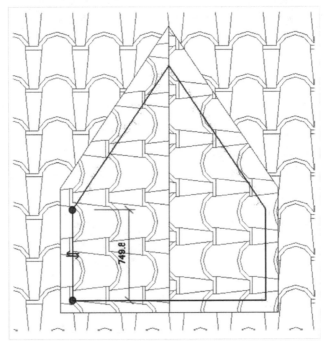

图 3-12-25　老虎窗边界编辑

图 3-12-26　老虎窗

图 3-12-27　完成老虎窗创建

提示

　　Revit 绘制老虎窗过程中，需注意主次屋顶的相对标高。

　　边界处理：墙体边界必须在次屋顶覆盖范围内，老虎窗边界以墙体内边为界，否则生成时易出错。

3.12.5 实操实练——别墅平屋顶的创建

别墅项目
屋顶创建

　　① 打开"别墅-栏杆"项目，在项目浏览器下展开楼层平面目录，双击"3F"名称进入屋顶平面视图。

　　② 设置类型属性。单击"建筑"选项卡下"屋顶"按钮，在下拉菜单中选择"迹线屋顶"。类型选择器中选择"常规-125 mm"屋顶类型，点击"编辑类型"，进入"类型属性"对话框。先复制创建"别墅-平屋顶 120-混凝土"的新类型，点击结构后的"编辑"按钮，在弹出的对话框中设置屋顶的各功能层以及对应的厚度与材质，如图 3-12-28 所示。完成后单击"确定"按钮保存并返回。

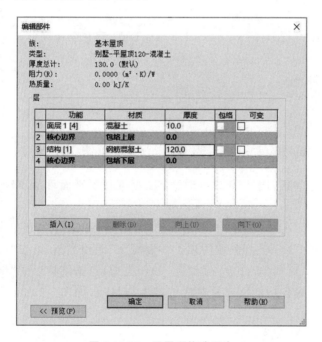

图 3-12-28　平屋顶构造层次

　　③ 设置实例属性。设置屋顶的底部标高为"3F"，单击"应用"按钮。

　　④ 选项栏设置。"定义坡度"复选框不勾选，悬挑值为 0，勾选"延伸到墙中"复选框。

　　⑤ 平屋顶轮廓编辑。在绘制工具中选择直线工具，或者选择拾取墙工具，在绘图区域中绘制闭合的屋顶轮廓线，如图 3-12-29 所示。单击"完成"按钮 ✔ 退出草图绘制模式。

　　⑥ 将项目文件另存为"别墅-平屋顶.rvt"，完成对该项目平屋顶的创建。

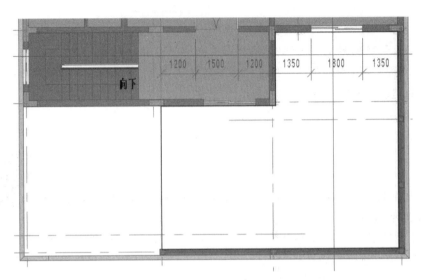

图 3-12-29 平屋顶轮廓编辑

3.12.6 实操实练——别墅坡屋顶的创建

① 打开"别墅-平屋顶"项目,在项目浏览器下展开楼层平面目录,双击"3F"名称进入屋顶平面视图。

② 设置类型属性。单击"建筑"选项卡下的"屋顶"按钮,在下拉菜单中选择"迹线屋顶"按钮。在类型选择器中选择"别墅-坡屋顶 120-混凝土"屋顶类型,点击"编辑类型",在类型属性参数中复制创建"别墅-坡屋顶 120-筒瓦"的新类型,点击结构后的"编辑"按钮,在弹出的对话框中设置屋顶的各功能层以及对应的厚度与材质,如图 3-12-30 所示。完成后单击"确定"按钮保存并返回。

③ 绘制三层局部坡屋顶。

a.设置实例属性。在属性框下,设置屋顶的底部标高为"3F",自标高的底部偏移为"0.0",如图 3-12-31 所示。单击"应用"按钮。"选项栏"中勾选"定义坡度"选项,设置坡度为27°、悬挑为700,勾选"延伸到墙中"复选框,如图 3-12-32 所示。

b.绘制草图轮廓。在绘制工具中选择直线工具,以轴线①与Ⓐ交点为起点,沿顺时针方向绘制草图,完成闭合的屋顶轮廓线,注意修改Ⓒ墙处轮廓无悬挑,如图 3-12-33 所示。单击"完成"按钮 ✔ 退出草图绘制模式,生成三层坡屋顶,如图 3-12-34 所示。

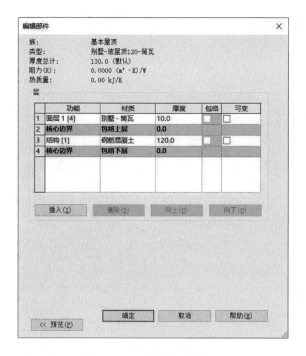

图 3-12-30　坡屋顶构造层次

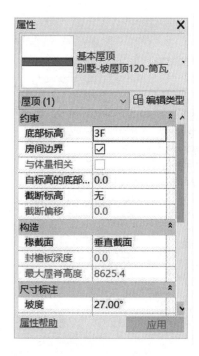

图 3-12-31　三层坡屋顶实例属性

图 3-12-32　坡屋顶选项栏

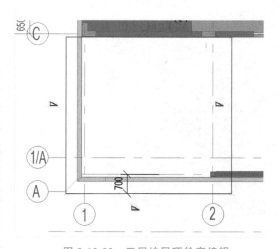

图 3-12-33　三层坡屋顶轮廓编辑

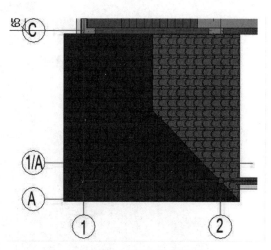

图 3-12-34　三层坡屋顶绘制完成

④ 绘制坡屋顶。

在项目浏览器下,通过双击进入"闷顶"楼层平面视图,进行坡屋顶的绘制。在类型选择器中选择"别墅-坡屋顶 120-混凝土"屋顶类型,实例属性设置如图 3-12-35 所示,修改坡度为 27°、悬挑为 700。在绘制工具中选择直线工具或者拾取墙工具,顺时针沿外墙完成封闭轮廓线的绘制,如图 3-12-36 所示。单击"完成"按钮 ✔ 退出草图绘制模式。

属性

基本屋顶
A-坡屋顶120-筒瓦

屋顶	✓	🔲 编辑类型

约束	⌃
底部标高	闷顶
房间边界	☑
与体量相关	☐
自标高的底部...	0.0
截断标高	无
截断偏移	0.0

构造	⌃
椽截面	垂直截面
封檐板深度	0.0
椽或桁架	桁架
最大屋脊高度	12348.3

尺寸标注	⌃
坡度	27.00°

属性帮助	应用

图 3-12-35　坡屋顶实例属性

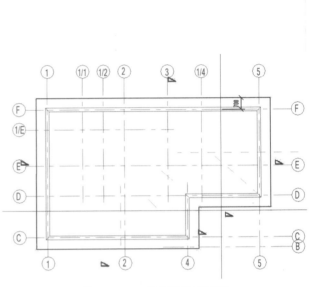

图 3-12-36　坡屋顶轮廓编辑

　⑤ 将项目文件另存为"别墅-坡屋顶. rvt",完成对该项目屋顶的创建。屋顶效果如图 3-12-37 所示。

图 3-12-37　屋顶绘制完成

3.12.7　真题实训

按照下图平、立面绘制屋顶,屋顶板厚均为 400 mm,其他建模所需尺寸可参考平、立面图自定。结果以"屋顶"为文件名保存在考生文件夹中。(第二期全国 BIM 技能等级一级考试真题)

真题讲解(屋顶)

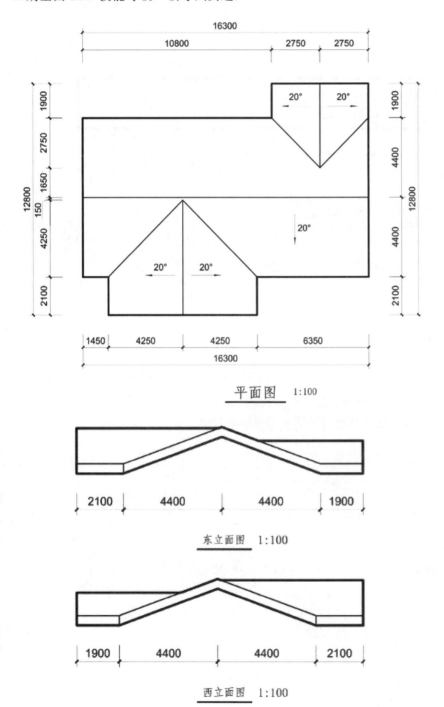

平面图　1:100

东立面图　1:100

西立面图　1:100

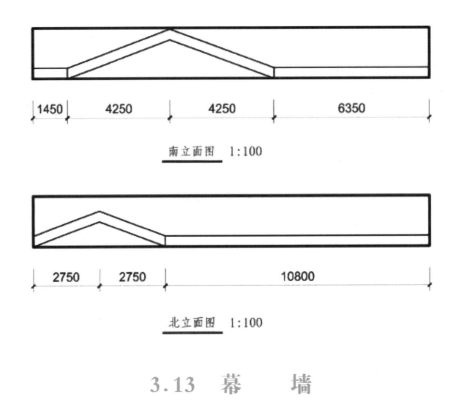

南立面图 1:100

北立面图 1:100

3.13 幕 墙

◇ 知识引导

本节讲解不同幕墙的绘制和编辑方法。幕墙是一种特殊的墙体,绘制方式和门窗的添加与普通墙体不同。建模前要熟悉幕墙的特点,清楚幕墙的分类和组成,理解各组成部分之间的关系,从而能够灵活运用软件进行不同类型幕墙的创建。

基础知识点:

幕墙的分类,幕墙的组成,幕墙的绘制方式

基本技能点:

线性幕墙的绘制,幕墙网格的划分,竖梃的添加,门窗嵌板的添加

3.13.1 幕墙的分类

在 Revit 软件中,幕墙根据其绘制方式分为线性幕墙和面幕墙(又称幕墙系统),线性幕墙创建方式与普通墙体类似,而幕墙系统一般是基于体量模型创建的,并根据体量模型面的变化而变化。本节讲述线性幕墙的创建。

3.13.2　线性幕墙的绘制

【执行方式】

功能区："建筑"选项卡→"构建"面板→"墙"下拉菜单→"墙：建筑"。

快捷键：WA。

【操作步骤】

① 在项目浏览器中将视图切换到平面视图。

② 执行上述操作，在属性栏中的"类型选择器"下拉菜单中找到幕墙类型，如图 3-13-1 所示。系统默认有三种类型：幕墙、外部玻璃、店面。三者的区别在于是否有预设网格和竖梃，其中"幕墙"类型最灵活。

③ 设置幕墙属性。

点击"幕墙" 💠 幕墙，单击属性栏中的"编辑类型"进入类型属性对话框，如图 3-13-2 所示。

图 3-13-1　幕墙类型　　　　图 3-13-2　幕墙类型属性参数

④ 绘制幕墙。

设置完成幕墙的类型属性和实例属性参数后，在绘图区域中指定位置单击作为幕墙的起点，拖动鼠标到另一位置上单击作为幕墙的终点，幕墙可以单独绘制，也可以通过在墙体中嵌入的方式绘制。

绘制完成后,将视图切换到三维视图界面,查看幕墙效果。

> **提示**
>
> Revit 绘制幕墙时,默认的墙体为矩形,与普通墙体类似,双击墙体进入"编辑"模式,可对幕墙的轮廓进行修改。轮廓线必须连续、不交叉、不断开,形成封闭的图形才能正常生成幕墙。否则会提示错误,无法完成编辑。

3.13.3 幕墙网格的划分

幕墙绘制完成后,通过幕墙网格将幕墙划分成指定大小的网格。网格划分的方式有两种:一种是通过"类型属性"中的"布局"进行自动划分,另一种是手动划分。当网格间距布置规则时采用自动划分,不规则时可采用手动划分。

1. 幕墙网格自动划分

【操作步骤】

① 选中需要划分网格的幕墙图元。

② 设置幕墙属性。

单击属性栏"编辑类型"按钮进入"类型属性"对话框,如图 3-13-3 所示,设置幕墙的布局模式和网格间距,完成后点击"确定"按钮,幕墙网格一次性生成。

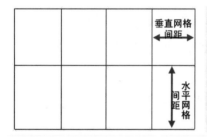

图 3-13-3 网格线参数设置

2. 幕墙网格手动划分

当网格布置不规则时宜采用此种方式,幕墙类型属性中的"布局"选择默认"无",再在绘图区域手动添加网格。

【操作步骤】

① 切换到立面、剖面或者三维视图。

② 网格划分。

单击"建筑"选项卡→"构建"面板→"幕墙网格" ⊞ ,在弹出的上下文选项卡的"放置"面板上会出现三种划分方式,如图 3-13-4 所示。选取"全部分段"方式,将光标移动到绘图区域中的幕墙上,这时幕墙上会出现随鼠标光标移动的网格线和临时尺寸标注,单击放置,生成网格线,通过修改临时尺寸标注进行精准定位,如图 3-13-5 所示。若需要添加或者删除局部网格线,可通过"添加/删除线段"来修改,如图 3-13-6 所示。

图 3-13-4　网格线添加方式

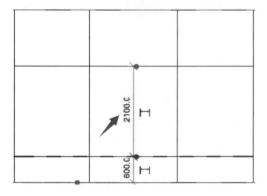

图 3-13-5　添加网格线

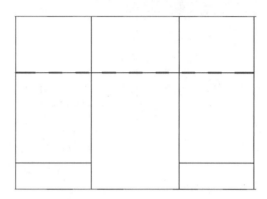

图 3-13-6　删除线段

操作技巧

　　Revit 中,手动创建幕墙网格时,将鼠标放置在水平网格线上会出现竖向网格线;同理,若要创建水平网格线,则将鼠标放置在竖向网格线上。

3.13.4　添加竖梃

网格线绘制完成后,可以网格线为基础生成相应的竖梃,有自动和手动两种添加方式。

1. 自动添加

① 选择要添加竖梃的幕墙。

② 点击幕墙"编辑类型",在弹出的"类型属性"对话框中设置竖梃相关参数,如图 3-13-7 所示。

垂直竖梃	
内部类型	矩形竖梃:50 x 150mm
边界 1 类型	矩形竖梃:50 x 150mm
边界 2 类型	矩形竖梃:50 x 150mm
水平竖梃	
内部类型	矩形竖梃:50 x 150mm
边界 1 类型	矩形竖梃:50 x 150mm
边界 2 类型	矩形竖梃:50 x 150mm

图 3-13-7　类型属性中的竖梃参数

设置好参数后,点击"确定"按钮,此时所选定幕墙的所有网格线上的竖梃一次性添加完成,如图 3-13-8 所示。

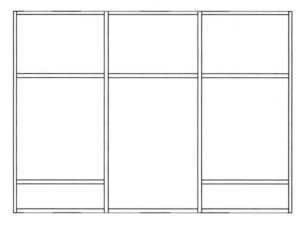

图 3-13-8 竖梃添加

2. 手动添加

【执行方式】

功能区:"建筑"选项卡→"构建"面板→"竖梃"。

在"竖梃"属性栏中设置好竖梃类型属性,如材质、角度、轮廓等参数,如图 3-13-9 所示。

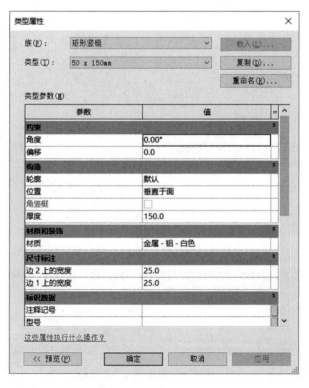

图 3-13-9 竖梃类型属性

在"修改|放置竖梃"上下文选项卡中,出现三种放置方式,分别为"网格线""单段网格线""全部网格线",三者区别在于鼠标放置时系统识别网格线的范围,如图 3-13-10 所示。

图 3-13-10　竖梃手动添加方式

选取其中一种方式,将鼠标光标移动到幕墙上,拾取幕墙网格线,高亮显示的线表示拾取到的线,单击生成竖梃。

3.13.5　添加门窗嵌板

幕墙门窗的放置与普通墙体不同,需要通过门窗嵌板来进行添加。

【操作步骤】

(1)载入幕墙门窗嵌板族

单击"插入"选项卡→"从库中载入"面板→"载入族"▦,在弹出的"载入族"对话框中依次打开"建筑"→"幕墙"→"门窗嵌板",选择需要的嵌板类型后,点击"打开",完成族载入。

(2)嵌板置放

在项目浏览器中将视图切换到立面、剖面或者三维视图。

在状态栏中"按面选择图元"按钮处于打开状态下时,将鼠标放在幕墙需要插入门窗嵌板的位置,此时整个幕墙高亮显示,如图 3-13-11(a)所示。按 Tab 键切换到鼠标所在网格,单击鼠标选中该嵌板,如图 3-13-11(b)所示。

在"类型选择器"下拉菜单中选择载入的门/窗嵌板类型,门/窗嵌板即添加完成,如图 3-13-11(c)、(d)所示。

操作技巧

　　Revit 添加门窗嵌板时,若"按面选择图元"按钮关闭,鼠标必须放置在网格线边缘才能选中嵌板。若门窗位置重叠的图元较多,需要多按几次 Tab 键直到切换到需要的图元上。

　　幕墙嵌板"类型选择器"中,除了可以选择门窗嵌板,还可以选择基本墙、叠层墙等,应用灵活性高。

(a)放置鼠标

墙:幕墙:幕墙

(b)按Tab键切换

幕墙嵌板:系统嵌板:玻璃:R0

(c)插入门嵌板

(d)三维效果

图 3-13-11　添加门窗嵌板

3.13.6　实操实练——别墅幕墙的创建与调整

别墅幕墙因网格线划分不规则,因此采用手动划分网格的方式进行创建。

别墅项目
幕墙创建

① 打开"别墅-屋顶"项目,在项目浏览器下展开楼层平面目录,双击"1F"
进入一层平面视图。

② 执行"建筑"选项卡→"构建"面板→"墙"下拉菜单→"墙:建筑"操作。

③ 类型属性设置。在属性栏"类型选择器"下拉菜单中选择"幕墙"。点击"编辑类型"
进入"类型属性"对话框,复制创建"别墅-幕墙"类型,并将幕墙"功能"修改为外部。单击"确
定"保存并返回。

④ 实例属性设置。在实例属性中,设置幕墙"底部约束"为 1F,"底部偏移"为 300,"顶
部约束"为"直到标高:3F","顶部偏移"为−500,如图 3-13-12 所示。

⑤ 绘制幕墙。将光标移动到幕墙放置位置,沿墙体中线绘制幕墙,如图 3-13-13 所示。

⑥ 划分网格。使用"建筑"选项卡下的"幕墙网格"工具,对幕墙进行网格划分,参数如
图 3-13-14 所示。

生成竖梃。使用"建筑"选项卡下的"竖梃"工具,在上下文选项卡中选择"全部网格线"
按钮 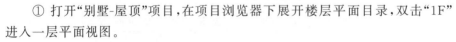 ,点击"幕墙",所有网格线上自动生成相应竖梃,如图 3-13-15 所示。

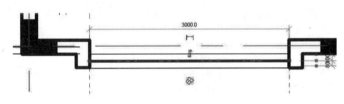

图 3-13-12　实例属性设置　　　　　　　　　　图 3-13-13　绘制幕墙

⑦ 设置门窗嵌板。切换到南立面视图,"选择栏"中"按面选择图元" <kbd>⊡</kbd> 呈打开状态。将鼠标放在幕墙中需要插入窗嵌板的网格上,如图 3-13-16 所示为窗嵌板所在位置,此时整个幕墙呈选中状态。按 Tab 键切换选中图元,直到鼠标所在网格呈高亮显示,单击鼠标选中该嵌板。

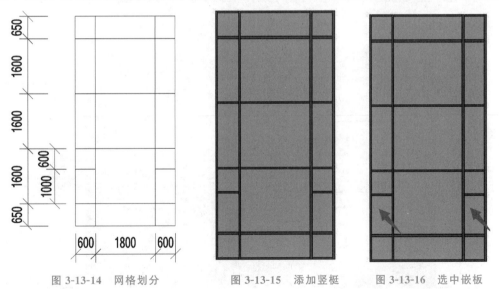

图 3-13-14　网格划分　　　　　图 3-13-15　添加竖梃　　　　图 3-13-16　选中嵌板

⑧ 在"系统嵌板"属性栏中点击"编辑类型",在弹出的对话框中,单击"载入",依次点击"建筑"→"幕墙"→"门窗嵌板",找到"窗嵌板_50-70 系列单扇平开铝窗",如图 3-13-17 所示。单击"打开"返回"类型属性"对话框,单击"确定"完成窗嵌板的载入与添加。

图 3-13-17　添加幕墙窗嵌板

⑨ 保存。将项目文件另存为"别墅-建筑模型.rvt",完成对该项目的创建,效果如图 3-13-18 所示。

图 3-13-18　幕墙完成效果

3.13.7　真题实训

根据下图给定的北立面和东立面,创建玻璃幕墙及其水平竖梃模型。请将模型文件以"幕墙.rvt"为文件名保存到电脑中。(第一期全国 BIM 技能等级一级考试真题)

真题讲解(幕墙)

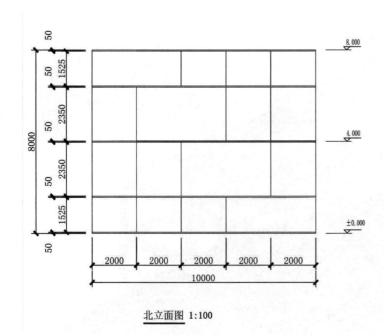

北立面图 1:100

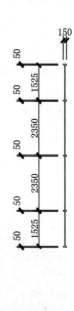

东立面图 1:100

学习单元 4　结构建模

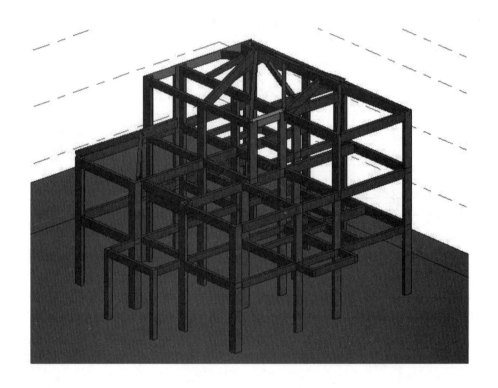

　　通过本单元的学习,了解建筑柱与结构柱的区别,熟悉结构项目中结构柱、梁图元的创建步骤,并掌握结构中梁柱的创建和编辑方法。通过仔细读图,按步骤规范制图并根据任务要求完成项目。

◇ **教学要求**

内容	能力目标	知识目标	素质目标
结构柱	了解建筑柱与结构柱的区别; 熟悉结构柱的属性参数含义; 掌握结构柱族的创建与编辑; 掌握结构柱的绘制方法	能够编辑并创建不同柱族类型,并能根据项目要求,熟练操作,快速准确创建结构柱	培养认真的读图习惯和耐心、细心的绘图习惯,按步骤规范制图; 通过实践操作带动理论学习,培养主动学习钻研的习惯; 培养团队协作能力
梁	了解梁的类型; 熟悉梁的识读; 掌握梁的属性参数设置; 掌握梁的创建与布置	能够根据项目要求创建水平梁、斜梁族类型,熟练操作,快速准确创建结构梁	

4.1　结　构　柱

◇ **知识引导**

　　本节主要讲解 BIM 结构建模中结构柱实际应用操作。结构柱与建筑柱共享许多属性,但结构柱还具有许多独特性质和行业标准定义的其他属性。在行为方面,结构柱也与建筑柱不同,结构图元(如梁、支撑和独立基础)与结构柱连接,不与建筑柱连接。

　　在学习本章节时,注意结构模型的标高、轴网需与建筑模型的一致,保证建筑模型与结构模型能够协同;同时掌握结构柱的定位方式,积极思考不同的绘制方法,提高绘图速度,并遵守绘图规范要求,提高模型的准确性。

基础知识点:

结构柱的类型、结构柱的作用

基本技能点:

结构柱的绘制方法、异形结构柱的载入

4.1.1 结构柱载入和属性参数设置

结构柱载入方式及属性参数设置与建筑柱基本一致。

【执行方式】

方式 1:"建筑"选项卡→"构建"面板→"柱"面板下拉菜单→"结构柱"。

方式 2:"结构"选项卡→"结构"面板→"柱"。

快捷键:CL。

【操作步骤】

(1)结构柱的载入

按照上述方式单击"结构柱"按钮,在上下文选项卡下,单击"模式"面板中的"载入族"按钮 🔽,弹出结构柱"载入族"对话框,如图 4-1-1 所示。单击进入需要的柱类型文件夹,找到族文件,单击"确定"按钮完成载入。

图 4-1-1　载入结构柱族

(2)结构柱属性设置

在"实例类型"下拉列表中选择将要放置的结构柱样式,单击"编辑类型"按钮进入其"类型属性"对话框。单击"复制"按钮,在弹出的对话框中输入新建的柱编号。完成后单击"确定"按钮,返回"类型属性"设置对话框中,此时在"类型(T)"一栏显示出刚刚命名的柱类型。修改尺寸标注下 b 和 h 后的值。

单击"确定"按钮,返回属性栏进行实例属性的设置。部分参数说明如下。

- 随轴网移动:勾选后结构柱将限制到轴网上,随着轴网的移动而移动。
- 结构材质:为结构柱赋予某种材质类型,系统默认材质为"混凝土"。

下一步,将进行结构柱的布置。

4.1.2 结构柱的布置

完成上一节结构柱的创建和设置后,将操作界面切换至放置柱的结构平面,接下来将在轴网中布置结构柱,布置时应选择相应的布置方式。

【操作步骤】

① 点击"结构"选项卡→"结构"面板→"柱"。

② 在属性栏类型选择器下选择需要的结构柱类型。

③ 选择布置方式。

放置前,应在上下文选项卡下选择"放置"面板上的布置方式,有"垂直柱"和"斜柱"两种,如图 4-1-2 所示。

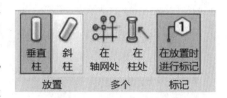

图 4-1-2　结构柱布置方式

垂直柱在布置时,应在选项栏设置柱的"深度"或"高度",以设置连接标高,如图 4-1-3 所示。将光标移动到绘图区域中,确定位置后,单击鼠标完成柱的放置。

斜柱与垂直柱的布置类似,因其是有角度倾斜的结构柱,需要通过两次不同的位置单击完成倾斜布置。

图 4-1-3　垂直柱选项栏

④ 选择多个布置。

在上下文选项卡下选择"多个"面板,如图 4-1-2 所示。

a."在轴网处"指在选定轴网的交点处创建结构柱。

b."在柱处"指在选定的建筑柱内部创建结构柱。

两种方式均能够快速创建同种类型的结构柱,但只适用于"垂直柱"。

⑤ 在放置时进行标记。

放置时选中该按钮,则结构柱布置完成后会自动生成相应的结构柱标记。

> **提示**
>
> Revit 中,建筑样板浏览器中默认的平面为"楼层平面",若要绘制结构柱、基础、梁等结构构件,需要通过点击"视图"选项卡→"平面视图"→"结构平面",将需要绘制结构的平面显示出来,此时浏览器中出现"结构平面"。否则,当采用楼层平面绘制时,系统会弹出"警告"对话框,提示所绘制构件不可见。

4.1.3　结构柱的修改

已经放置的结构柱,通过"属性栏"中的实例属性和"上下文选项卡"将结构柱修改成设计所需的形式。

【操作步骤】

(1)实例属性修改

修改结构柱的限制条件,主要修改柱的底部和顶部的标高及偏移值,如图 4-1-4 所示。

（2）上下文选项卡中柱的修改

选择结构柱，在弹出的"修改|结构柱"上下文选项卡下，可以看到如图 4-1-5 所示的几个面板工具，均用于修改柱。

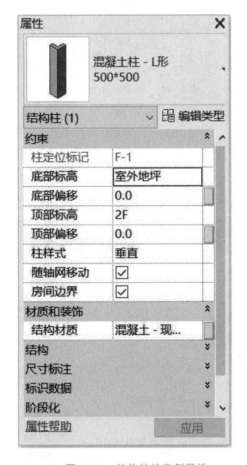

图 4-1-4　结构柱的实例属性

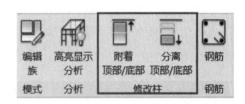

图 4-1-5　修改柱

· 编辑族：通过族编辑器来修改当前的柱族，然后将其载入项目中。

· 附着顶部/底部：指示将柱附着到如屋顶、楼板等模型图元上。

· 分离顶部/底部：指示将柱从屋顶、楼板等模型图元上分离。

· 钢筋：指示放置平面或多平面钢筋。

4.1.4　实操实练——结构柱的布置

① 打开"结构-轴网"项目，在项目浏览器下展开结构平面目录，双击"1F"名称进入一层结构平面视图。

② 载入柱族。单击"结构"选项卡下的"柱"按钮，在上下文选项卡下，单击"模式"面板中的"载入族"按钮 ，弹出结构柱"载入族"对话框，依次点击"结构"→"柱"→"混凝土"→"混凝土柱-L 形"，单击"打开"将此族载入项目中。

别墅项目
结构柱创建

③ 属性设置。在属性栏"类型选择器"下拉菜单中选择"混凝土柱-L 形",单击"编辑类型",在弹出的类型管理器中,复制创建新的结构柱,命名为"KZ1",尺寸参数如图 4-1-6 所示。单击"确定"返回属性栏,勾选实例属性中的"随轴网移动",并在"选项栏"中修改柱的高度等限制条件,如图 4-1-7 所示。

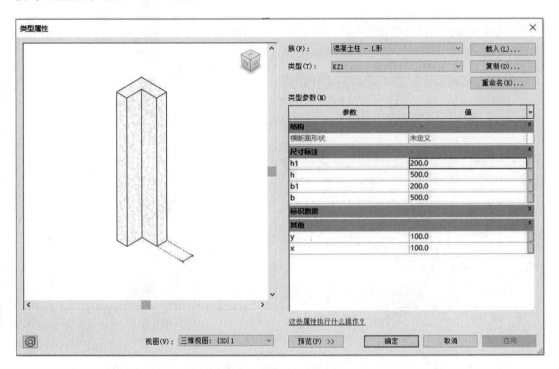

图 4-1-6　KZ1 柱类型属性

| 修改│放置 结构柱 | ☑放置后旋转 | 高度: ∨ | 2F ∨ | 2500.0 | ☑房间边界 |

图 4-1-7　KZ1 柱选项栏参数

④ 绘制 KZ1 柱。将鼠标放置在绘图区域,在 1 轴和 F 轴交点单击鼠标,KZ1 柱放置成功。再将鼠标放在 1 轴和 A 轴交点,按空格键进行旋转,连按两次将柱逆时针旋转 90°后单击鼠标确定。用同样的方法完成其他 KZ1 柱的绘制。

⑤ 绘制 KZ2 柱。与 KZ1 柱步骤相同,在属性栏"类型选择器"下拉菜单中选择"混凝土柱-T 形",复制创建新的结构柱,命名为"KZ2",尺寸参数如图 4-1-8、图 4-1-9 所示,单击"确定"返回。在 1 轴与 D 轴相交处点击鼠标居中放置 KZ2 柱,如图 4-1-10 所示。采用同样的方法将其他 KZ2 柱绘制完成。

⑥ 绘制 KZ3 柱。与 KZ1 柱步骤相同,在属性栏"类型选择器"下拉菜单中选择"混凝土柱-矩形",复制创建新的结构柱,命名为"KZ3",尺寸参数"h＝200,b＝500",单击"确定"返回。在 2 轴与 F 轴相交处点击鼠标放置 KZ3,运用移动工具 ✥,将该柱移动到正确的位置,如图 4-1-9 所示。采用同样的方法将其他 KZ3 柱绘制完成。

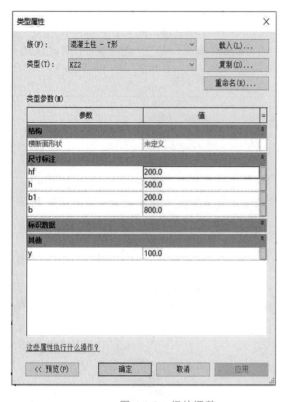

图 4-1-8　门的调整

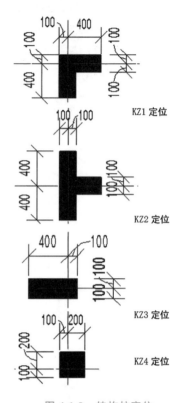

图 4-1-9　结构柱定位

⑦ 绘制 KZ4 柱。与 KZ1 柱步骤相同,在属性栏"类型选择器"下拉菜单中选择"混凝土柱-矩形",复制创建新的结构柱,命名为"KZ4",尺寸参数"h＝300,b＝300",单击"确定"返回。在 ⑭ 轴与 2、4 轴相交处分别点击鼠标放置 KZ4,运用移动工具 ✥,将该柱移动到正确的位置,如图 4-1-10 所示。

⑧ 一层结构柱绘制完成,平面位置如图 4-1-10 所示。

提示

　　项目中柱的类型和数量较多,可根据柱的特点,选择单个绘制、复制、在轴网处等方式,进行快速绘制。

---

⑨ 绘制二层柱。

二层柱与一层柱定位和编号相同,层高不同。可选择"复制""粘贴到标高"的方法进行快速创建。全选除 KZ4 以外的一层结构柱,在"修改 | 选择多个"上下文选项卡→"剪贴板"面板中,找到"复制"按钮 ▤ 并单击鼠标,再点击"粘贴"按钮 ▤ 下拉选项,找到"与选定标高对齐",并单击鼠标,在弹出的"选择标高"对话框中选择"2F",如图 4-1-11 所示。此时视图自动跳转到"2F",在属性栏中修改二层柱的实例属性参数,将底部偏移和顶部偏移均设为"0.0",如图 4-1-12 所示。具体参数参见本书电子资源。

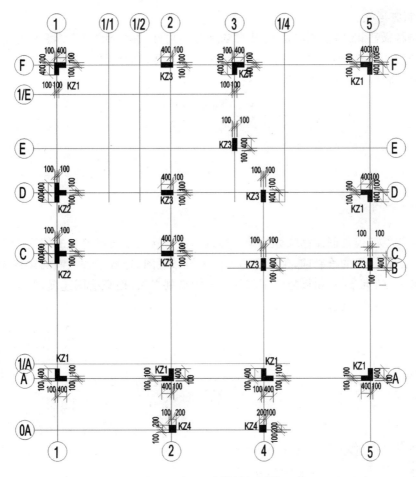

图 4-1-10 一层柱网平面图

图 4-1-11 选择标高

图 4-1-12 调整实例属性

⑩ 绘制三层柱。

与二层柱做法相同,复制二层 C 至 F 轴所有结构柱,粘贴到"3F"。将 C 与 4 轴、D 与 5 轴相交处布置为 KZ3 柱,三层结构柱即绘制完成。具体参数参见本书电子资源。

完成后,将项目另存为"别墅-结构柱.rvt"。

4.2　梁

◇ 知识引导

本节利用"梁"工具创建框架梁。梁是通过特定梁族类型属性定义的用于承重用途的结构框架图元。进行梁的绘制前,须看懂施工图中梁布置图,理解梁、柱、墙的结构关系。掌握梁的定位方式、约束条件,积极思考不同类型梁的绘制方法,提高绘图速度,并遵守绘图规范要求,提高模型的准确性。

基础知识点:

梁的类型与识图

基本技能点:

梁的绘制方法、梁的载入与修改

4.2.1　梁的载入

在绘制梁之前,需要将项目所需的梁样式族载入当前的项目中,以达到绘制的目的。

【执行方式】

功能区:"结构"选项卡→"结构"面板→"梁"。

快捷键:CL。

【操作步骤】

① 执行上述操作,进入"梁"编辑状态。

② 单击"修改|放置梁"上下文选项卡下的"载入族"按钮,在弹出的"载入族"对话框中,单击"结构"下的"框架",如图 4-2-1 所示。选择梁类型,再点击需要载入的梁族文件,单击"确定"按钮完成载入,这时在属性框实例类型下拉列表中会出现载入进来的新梁样式。

③ 下一步,将进行梁的设置与布置。

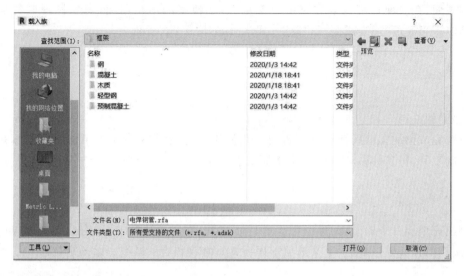

图 4-2-1　梁族类型

4.2.2　梁的设置

（1）梁属性参数设置

在实例类型下拉列表中选择要绘制的梁类型，单击"编辑类型"进入类型属性对话框。复制创建新的梁类型，修改类型属性相关参数，单击"确定"完成属性编辑。

（2）梁实例属性设置

进入属性栏面板，设置相关实例参数，如图 4-2-2 所示。部分参数说明如下。

·参照标高：设置梁的放置位置标高，一般取决于放置梁时的工作平面。

·几何图形参数：只适用于钢梁，设置梁的位置、偏移等参数。

·结构材质：指示为当前梁实例赋予某种材质类型。

·结构用途：为创建的梁指定其结构用途，有"大梁""水平支撑""托梁""其他"或"檩条"五种用途。

·启用分析模型：勾选该复选框则显示分析模型，并将它包含在分析计算中。启用分析模型会降低计算机的运行速度，建模过程中建议不勾选。

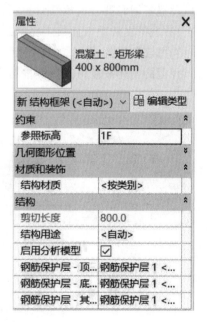

图 4-2-2　梁实例属性设置

·钢筋保护层：当布置钢筋时需要对此参数进行设置。

（3）选项栏设置

设置完成实例属性参数后，还需在选项栏进行相关设置，将视图切换到需要绘制梁的标高结构平面,在选项栏可以确定梁的放置标高,选择梁的结构用途(与属性框中的信息相同),确定是否通过"三维捕捉"和"链"方式绘制,如图 4-2-3 所示。

图 4-2-3　选项栏设置

(4)梁的绘制

设置完成梁的类型属性参数和实例属性参数后,在上下文选项卡下的"绘制"面板中选择梁绘制工具,将光标移动到绘图区域即可进行绘制。

4.2.3　梁的修改

创建完成项目中的梁后,可以对梁进行修改,以达到设计要求,结构框架梁的修改主要包括:实例属性参数修改、上下文选项卡面板工具修改和绘图区域中梁的定位。

【操作步骤】

(1)实例属性参数修改

选择已创建的结构框架梁,在属性框中修改该实例梁的限制条件,如图 4-2-4 所示。默认梁的起点标高偏移、终点标高偏移为 0,绘制出固定标高位置上的水平结构梁。偏移值设置不同时就会出现倾斜的梁,如图 4-2-5 所示。

约束	
参照标高	1F
工作平面	标高:1F
起点标高偏移	0.0
终点标高偏移	0.0
方向	标准
横截面旋转	0.00°

图 4-2-4　梁限制条件

(2)上下文选项卡面板工具修改

选择已创建的梁,在弹出的上下文选项卡下各面板中选择合适的工具按钮修改该实例结构框架梁,具体工具如图 4-2-6 所示。

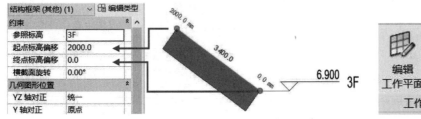

图 4-2-5　斜梁的绘制

图 4-2-6　梁上下文选项卡

其中"编辑工作平面"工具主要是指给当前结构梁指定新的工作平面,如选择的梁标高为 1F,点击"编辑工作平面",在弹出的对话框中单击 2F 平面,此时梁从 1F 移动到 2F,位置不变,高度发生了变化。

(3)绘图区域中梁的定位

选择已创建的结构框架梁,通过临时尺寸标注可以对梁放置位置进行精确的定位,通过梁两端的拖曳点可以拖曳梁的端点到另一处位置。

4.2.4　实操实练——混凝土梁的绘制

① 打开"别墅-结构柱"项目,在项目浏览器下展开结构平面目录,双击 "2F"名称进入二层平面视图。

② 载入梁族。单击"结构"选项卡→"结构"面板→"梁"按钮,在"修改|放 置梁"上下文选项卡下单击"载入族"按钮,在弹出的对话框中依次打开"结 构"→"框架"→"混凝土",选择"混凝土-矩形梁",单击"确定"完成载入。

别墅项目水平
结构梁创建

③ 绘制一层结构梁。

a.在梁属性栏的类型选择器下选择上一步载入的"混凝土-矩形梁",单击"编辑类型", 复制创建尺寸为"200×500 mm"的矩形梁,如图4-2-7所示。完成设置后单击"确定"返回。

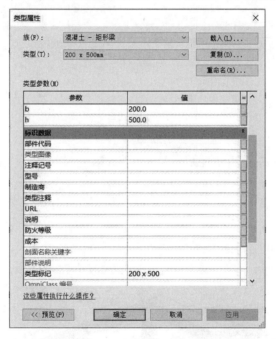

图 4-2-7　矩形梁参数修改

b.在选项栏中,设置梁的放置平面为2F,结构用途为"大梁",如图4-2-8所示。

图 4-2-8　修改|放置梁

c.在梁的实例属性中将梁的结构材质改为C30。

d.在上下文选项卡的"工具"面板中选择"直线"工具,将鼠标移动到绘图区域,在结构柱 之间绘制矩形梁。

按照上述步骤,参照图4-2-9所示结构图标注尺寸,先在类型属性中创建不同梁类型,然 后在模型中创建并绘制梁。完成效果如图4-2-10所示。

④ 在项目浏览器中将视图切换到结构平面"3F",按图4-2-11所示尺寸绘制二层结 构梁。

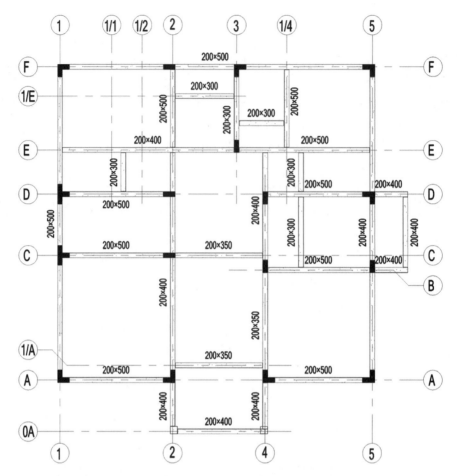

图 4-2-9 一层梁平面布置图

图 4-2-10 一层梁柱完成效果图

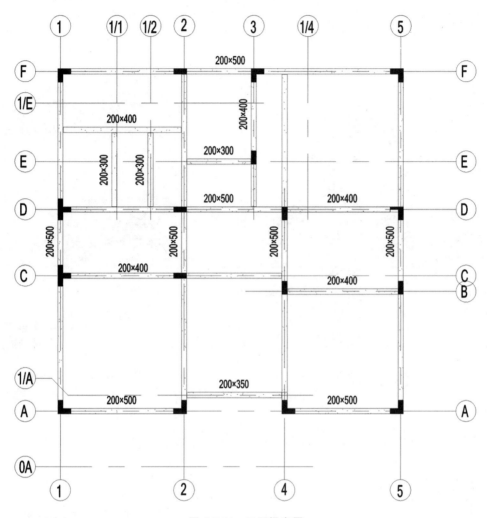

图 4-2-11 二层梁布置

⑤ 绘制二层斜梁。

a.绘制矩形梁。在梁属性栏的类型选择器下选择"混凝土-矩形梁 200×500 mm",如图 4-2-12 所示,在①、②轴正中距©轴 2600 mm 位置绘制矩形梁。复制创建"混凝土-矩形梁 200×300 mm",在刚才绘制的"混凝土-矩形梁 200×500 mm"梁端部绘制两根该矩形梁。

b.修改梁高。选中"200×500 mm"矩形梁,将实例属性中的"Z轴偏移值"修改为"1580.0",梁整体垂直向上偏移 1580 mm,如图 4-2-13 所示;单击"200×300 mm"矩形梁,将与"200×500 mm"矩形梁交接的端点标高修改为"1580mm",另一端不变,完成倾斜设置,如图 4-2-14、图 4-2-15 所示。

⑥ 绘制屋顶斜梁。

⑦ 同二层斜梁绘制方法,参考图 4-2-16 中结构梁的平面布置和图 4-2-17 中的梁标高,进行坡屋顶梁的绘制与编辑。

⑧ 将项目文件另存为"别墅结构-梁",完成对该项目梁的布置。

别墅项目
结构斜梁创建

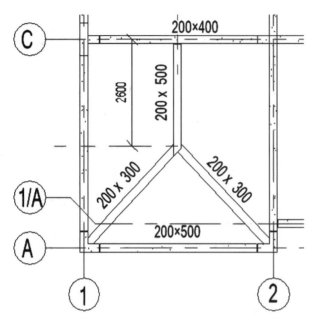

图 4-2-12　二层局部斜梁布置

属性

混凝土 - 矩形梁
200 x 500mm

结构框架 (其他) (1)　　编辑类型

参照标高	3F
工作平面	标高：3F
起点标高偏移	0.0
终点标高偏移	0.0
方向	标准
横截面旋转	0.00°
几何图形位置	
YZ 轴对正	统一
Y 轴对正	原点
Y 轴偏移值	0.0
Z 轴对正	顶
Z 轴偏移值	1580.0

属性帮助　　　　　　　　应用

图 4-2-13　调整梁偏移值

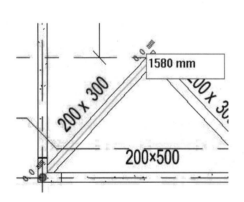

图 4-2-14　修改梁偏移值

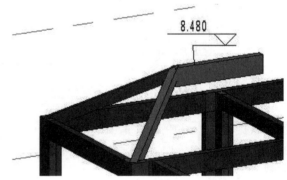

图 4-2-15　二层局部斜梁图

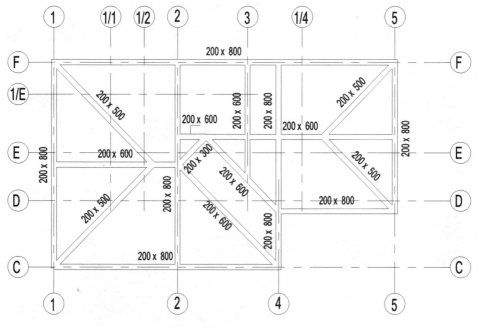

图 4-2-16　三层梁布置

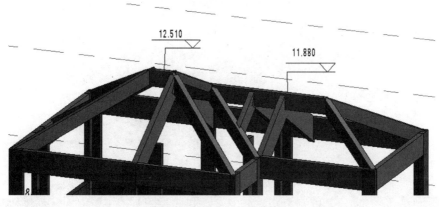

图 4-2-17　三层梁标高

4.2.5　实操实练——Revit 建筑模型与结构模型的合并

① 用 Revit 软件打开"别墅-建筑建模"项目。

② 鼠标依次点击"插入"选项卡→"链接"面板→"链接 Revit"按钮 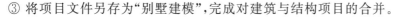，弹出"导入/链接 RVT"对话框，选择需要链接的对象文件"别墅结构-梁"，如图 4-2-18 所示。在"定位"下拉列表中，选择项目的定位方式为"自动-原点到原点"。然后单击"打开"导入 Revit 文件，完成文件的链接，如图 4-2-19 所示。

③ 将项目文件另存为"别墅建模"，完成对建筑与结构项目的合并。

别墅项目建筑与
结构模型合模

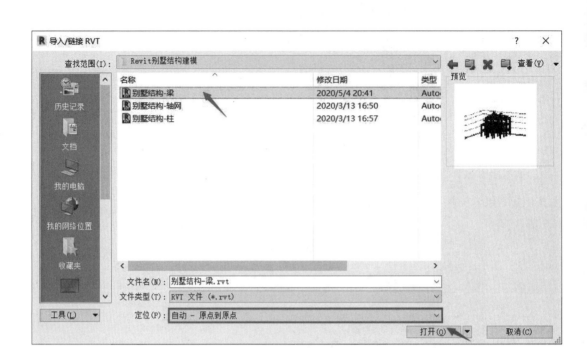

图 4-2-18　链接 Revit

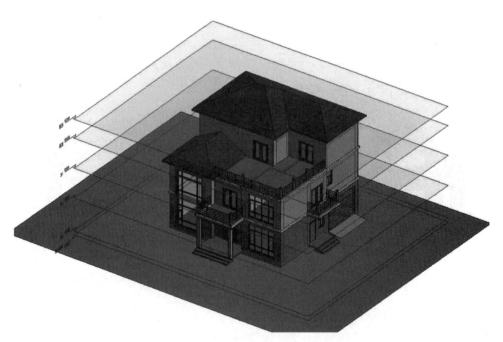

图 4-2-19　完成链接

学习单元 5   机电建模

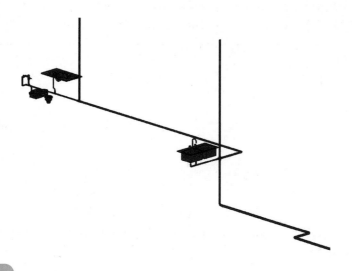

◇ 教学目标

　　本单元主要讲解 Revit 软件在机电模块中的实际应用操作，包括项目准备、设备布置、系统创建、管道绘制、管道分析等内容。创建机电模型时，遵循"由整体到局部"的原则，从整体出发，逐步细化。本单元以某别墅给排水系统模型创建为例，详细介绍 Revit2020 的 MEP 模块建模的方法。

◇ 教学要求

内容	知识目标	能力目标	素质目标
项目准备	了解进行机电模型创建前做的准备工作； 熟悉链接 Revit 文件操作过程； 掌握不同专业项目文件关联方法	能够灵活运用链接已有 Revit 文件，通过复制/监视的方法进行机电文件的创建	培养耐心、细心的绘图习惯，规范制图；培养发现问题和提出问题的能力，培养团队合作能力

续表

内容	知识目标	能力目标	素质目标
设备布置	熟悉机电项目卫浴设备的载入；掌握卫浴设备的放置方式	能够根据项目要求熟练载入相应的卫浴设备，并选择合适的放置方式进行卫浴设备的定位	培养耐心、细心的绘图习惯，规范制图；培养发现问题和提出问题的能力，培养团队合作能力
系统管道绘制	了解系统管道的分类；熟悉管道系统的创建；掌握管道类型的创建、管道的绘制与连接	能够根据项目要求进行系统管道的创建与绘制；能够添加管道附件，形成完整的给排水系统	

5.1 项 目 准 备

◇ 知识引导

本节主要讲解在 Revit 软件中如何新建机电项目，并且将其与已有建筑模型、结构模型进行关联，以达到项目不同专业间的协同。在学习过程中要特别注意按照规范要求、按步骤进行操作，从而保证模型的准确性。

基础知识点：

样板文件，项目基点，链接文件定位方式

基本技能点：

新建机电项目，链接模型，复制与监视

5.1.1 新建项目

在 MEP 模块中，用户可以通过在模型中放置相应的构件，创建给水和回水等系统，并将设备指定给对应的系统，根据图纸设计要求绘制连接设备的管道，从而创建建筑给排水系统模型。在新建项目时，需要选择相应样板文件。

【执行方式】

功能区：打开 Revit2020→"项目"菜单→"新建"。

快捷键：Ctrl＋N。

【操作步骤】

① 打开 Revit2020 界面，点击"新建"，弹出"新建项目"对话框，如图 5-1-1 所示。

② 选择"浏览"，弹出"选择样板"对话框，如图 5-1-2 所示。

③ 选择"Plumbing-DefaultCHSCHS. rte"，然后点击"打开"。

④ 完成创建。

新建机电项目

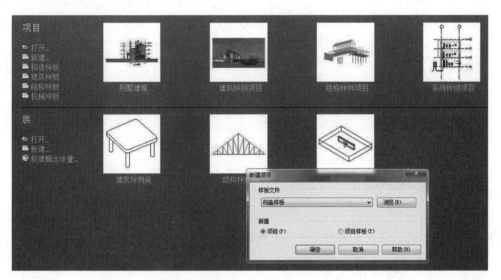

图 5-1-1　新建项目

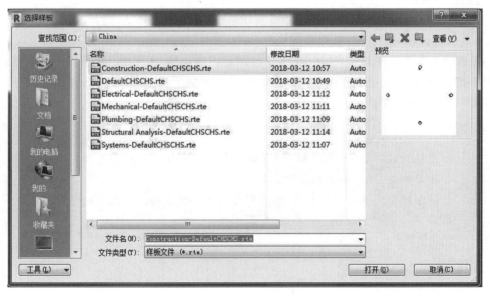

图 5-1-2　选择样板

样板说明如下。

- Construction-DefaultCHSCHS. rte：构造样板。
- DefaultCHSCHS. rte：建筑样板。
- Electrical-DefaultCHSCHS. rte：电气样板。
- Mechanical-DefaultCHSCHS. rte：机械样板。
- Plumbing-DefaultCHSCHS. rte：给排水样板。
- Structural Analysis-DefaultCHSCHS. rte：结构样板。
- Systems-DefaultCHSCHS. rte：系统默认样板。

5.1.2　链接模型

Revit2020 提供了"链接 Revit"功能，通过链接建筑模型，可以统一项目的基点，建立项目统一的轴网、标高，让设计者间的协同工作更加高效。

【执行方式】

菜单区：插入→链接 Revit。

快捷键：无（可自定义）。

【操作步骤】

在 Revit2020"插入"菜单下选择"链接 Revit"，会弹出"导入/链接 RVT"对话框，如图 5-1-3 所示。在对话框中，选择要链接的 Revit 文件，然后点击"打开"。

值得注意的是关于导入/链接 RVT 文件时定位的选择，为了项目模型的定位一致，一般情况下都是默认"自动-原点到原点"的定位方式，其他的定位方式如图 5-1-4 所示，有要求或者需要时，可自行选择。

5.1.3　复制/监视

Revit2020 提供了"复制/监视"功能，在"链接模型"后还可以通过"协作"菜单中"复制/监视"功能监视模型的修改，比如标高、轴网、墙体等，为项目模型文件定位。

图 5-1-3　导入/链接 RVT 文件

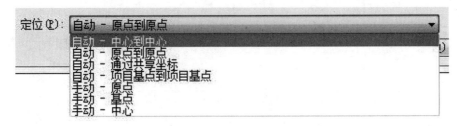

图 5-1-4　定位方式

【执行方式】

菜单区："协作"→"复制/监视"→"使用当前项目"或"选择链接"。

【操作步骤】

① 单击菜单区的"协作"→"复制/监视"，会在下拉菜单中出现"使用当前项目""选择链接"两个选项卡，通常使用"选择链接"，如图 5-1-5 所示。

图 5-1-5　复制/监视

② 使用"选择链接"选中链接模型后，会弹出如图 5-1-6 所示的功能区，切换到任意一个立面图时，通常会发现如图 5-1-7 所示的情况，项目中出现了两种标高。这时，需要我们选中 Plumbing-DefaultCHSCHS.rte 样板自带的标高，将标高 1 和标高 2 删除。在删除时会弹出

一个对话框,如图 5-1-8 所示,选择"确定"。

③ 单击图 5-1-6 中的"复制"按钮,在下方会出"多个"的选择(通常都会勾选),然后在立面(选择标高)或平面(选择轴网等),单击"完成",完成复制/监视,如图 5-1-9 所示。

图 5-1-6　复制/监视功能区

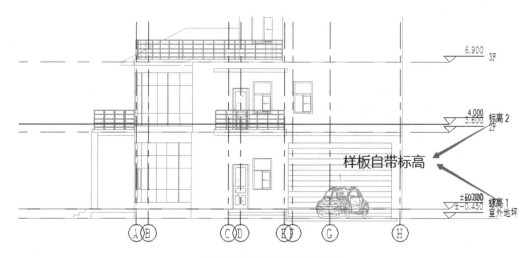

图 5-1-7　样板自带的标高

图 5-1-8　删除操作时的警告对话框

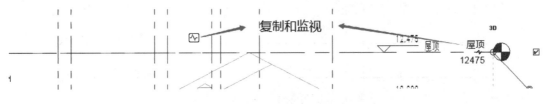

图 5-1-9　完成复制/监视功能

5.1.4　实操实练——别墅机电标高创建

别墅项目机电
标高创建

① 新建项目,选择给排水样板 Plumbing-DefaultCHSCHS. rte,单击进入软件绘制界面。

② 在项目菜单中,单击"插入",选择"链接 Revit",导入准备好的 RVT 文件"别墅建模",完成后选中导入的链接,将其锁定,如图 5-1-10 所示。

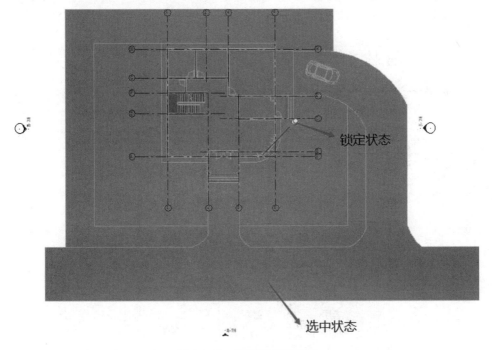

图 5-1-10　链接模型并锁定

③ 切换到南立面视图,删掉样板自带的标高,利用"协作"中的"复制/监视"功能复制标高,如图 5-1-11 所示。

④ 楼层平面显示:按照视图→平面视图→楼层平面的顺序打开"新建楼层平面"对话框,选中所有标高,单击"确定",完成所有楼层平面的显示任务。

⑤ 链接相关建筑模型后,可按照要求导入 CAD 图纸,注意要将导入的 CAD 图纸解锁,利用对齐或者移动命令将它和链接的建筑模型对齐,然后再锁定图纸,防止影响后续操作,如图 5-1-12 所示,并将项目另存为"别墅机电-标高.rvt"。

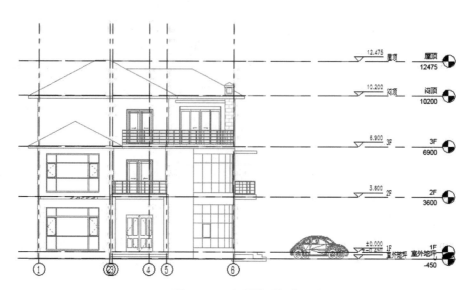

图 5-1-11　复制模型标高

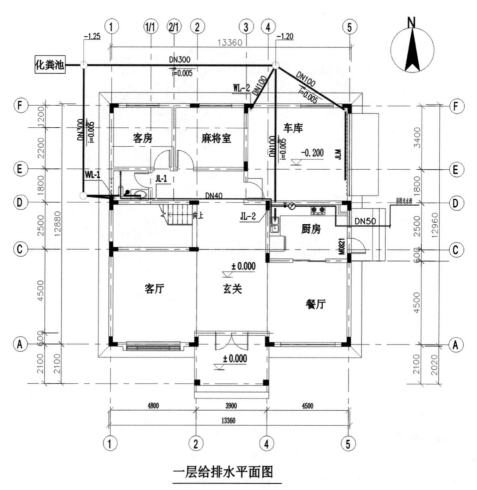

一层给排水平面图

图 5-1-12　导入 CAD 图纸

5.2　设　备　布　置

◇ 知识引导

　　本节主要讲解在 Revit 软件中如何在项目文件中载入和添加相应的卫浴设备,并将它通过不同的放置方式进行定位。

　　基础知识点:

　　添加卫浴设备,放置在面上,卫浴装置参数

　　基本技能点:

　　卫浴设备的载入,卫浴设备放置方式

5.2.1　卫浴设备的载入

　　完成项目的准备后,用户根据项目图纸上的设备要求添加相对应的卫浴设备。在 Revit2020 中自带有常用的卫浴设备,只需按要求载入即可。

　　【执行方式】

　　功能区:"系统"选项卡→"卫浴装置"。

　　快捷键:PX。

　　【操作步骤】

　　① 在项目中,点击"系统",在弹出的"卫浴和管道"选项卡中,点击"卫浴装置",如图 5-2-1 所示。

图 5-2-1　卫浴装置

　　② 在如图 5-2-2 所示的"修改|放置 卫浴装置"选项卡中,点击"载入族",选择打开"机电"文件夹,可以载入相应的卫浴装置。

　　③ 在放置卫浴装置时,有如图 5-2-3 所示的三种放置方式,以"洗脸盆-椭圆形"放置方式为例,说明如下。

　　a. 放置在垂直面上:将载入的装置放置在垂直于当前视图的实体中,如图 5-2-3(a)所示。

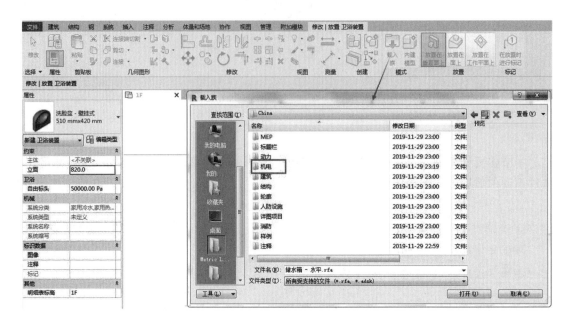

（a）载入族

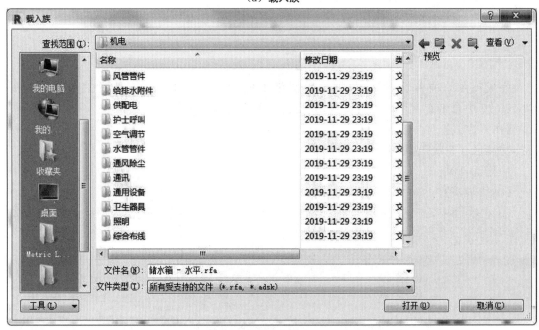

（b）机电文件夹

图 5-2-2　载入相应的卫浴装置

　　b.放置在面上:将载入的装置放置在当前视图的平面中,如图 5-2-3(b)所示。可以按空格键来对装置进行 90°旋转。

　　c.放置至工作平面上,即将装置放置于某一特定的平面上,如图 5-2-3(c)所示。

　　④ 卫浴装置相关参数。

　　单击属性框中的"编辑类型"按钮,在弹出的"类型属性"对话框中,可以修改装置其他的参数信息,如长度、宽度、高度等,如图 5-2-4 所示。

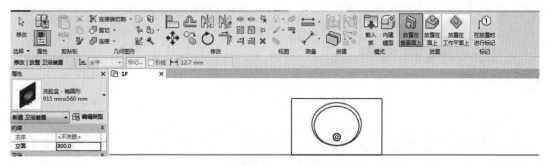

（a）放置在垂直面上

（b）放置在面上　　　　　　　　（c）放置在工作平面上

图 5-2-3　放置方式

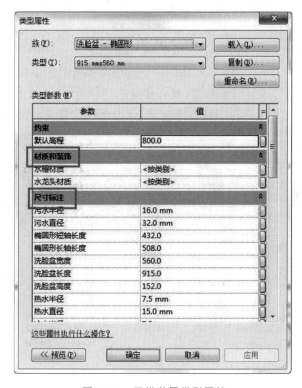

图 5-2-4　卫浴装置类型属性

5.2.2　实操实练——别墅卫浴设备添加

别墅项目
卫浴设备添加

① 打开"别墅机电建模"项目,以一层为例,在项目浏览器下展开卫浴楼层平面目录,双击"1F"名称进入卫浴一层楼层平面视图,如图 5-2-5 所示。

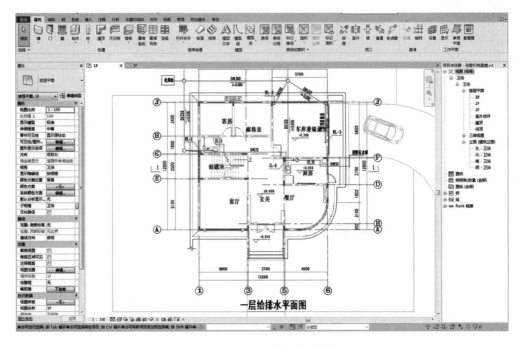

图 5-2-5　卫浴一层楼层平面视图

② 输入快捷键"PX",根据图纸需要,载入相应的卫浴装置,图纸中有蹲便器、洗脸盆(椭圆形)、水槽-厨房-双联,如图 5-2-6 所示,并按图 5-2-7 所示位置准确放置。

图 5-2-6　载入卫浴装置

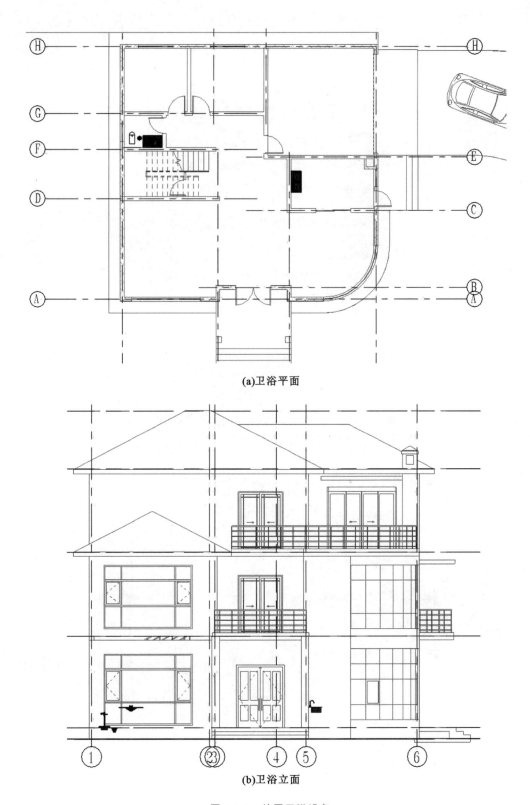

(a)卫浴平面

(b)卫浴立面

图 5-2-7　放置卫浴设备

③ 其中洗脸盆(椭圆形)尺寸为 1000 mm×600 mm,以其为例,修改参数如图 5-2-8 所示。

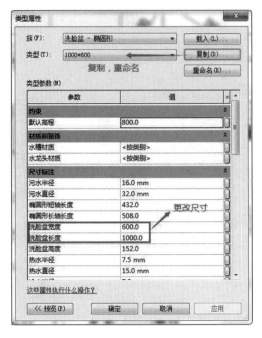

图 5-2-8　更改洗脸盆尺寸参数

④ 根据所学知识,在二层和三层给排水设备平面图中,按要求放置设备,如图 5-2-9、图 5-2-10 所示,并将项目保存为"别墅机电-卫浴设备.rvt"。

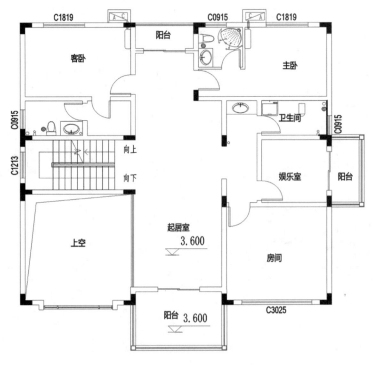

图 5-2-9　二层给排水设备平面图

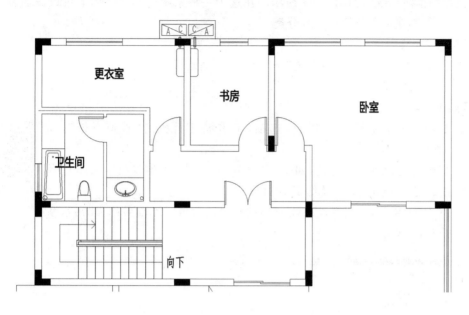

图 5-2-10　三层给排水设备平面图

5.3　系统管道绘制

◇ **知识引导**

本节主要讲解在 Revit 软件中如何新建机电项目,并且将其与已有建筑模型、结构模型进行关联,以达到项目不同专业间的协同。在学习过程中要特别注意按照规范要求、按步骤进行操作,从而保证模型的准确性。

基础知识点:

布管系统配置,视图范围,带坡度管道,管道对正设置

基本技能点:

创建管道系统,设置管道类型,管道绘制与连接

5.3.1　创建管道系统

在 Revit2020 中共定义了十一种管道系统的分类,包括"其他""其他消防系统""卫生设备""家用冷水""家用热水""干式消防系统""循环供水""循环回水""湿式消防系统""通风

孔""预作用消防系统",如图 5-3-1 所示。在这十一种系统分类的基础上可以添加新的管道系统类型,但不能定义新管道系统分类。

【执行方式】

项目浏览器:"族"→"管道系统"→复制、添加管道系统。

快捷键:自定义。

【操作步骤】

① 在项目浏览器中,找到"族"选项,单击展开后找到"管道系统",如图 5-3-1 所示。

② 以创建"污水系统"为例,如图 5-3-2 所示,选中"卫生设备",右击选择"复制"命令,会复制出"卫生设备 2"管道系统。

③ 选中"卫生设备 2"管道系统,右击选择"重命名",更改名称为"污水系统",如图 5-3-3 所示。

别墅项目管道系统的创建与绘制

图 5-3-1 管道系统

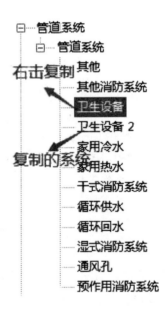

图 5-3-2 复制卫生设备

④ 在"系统"选项卡下,点击"管道"可以进行管道系统的选择和更换,如图 5-3-4 所示。

⑤ 根据项目要求,创建好对应的管道系统。

图 5-3-3　污水系统

图 5-3-4　更换管道系统

5.3.2　管道类型

在 Revit2020 中共定义了两种管道类型,包括"PVC-U-排水""标准",如图 5-3-5 所示。在此基础上可以添加新的管道类型,根据项目要求可以对管道类型参数进行设置,一般情况下,给水选择"标准",排水选择"PVC-U-排水"。

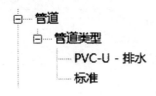

图 5-3-5　管道类型

【执行方式】

功能区:"系统"→"卫浴和管道"面板→"管道"→"编辑类型"。

快捷键:PI。

【操作步骤】

① 在功能区的"系统"中，找到"管道"按钮，单击打开，点击"编辑类型"，弹出"类型属性"对话框，如图 5-3-6 所示。

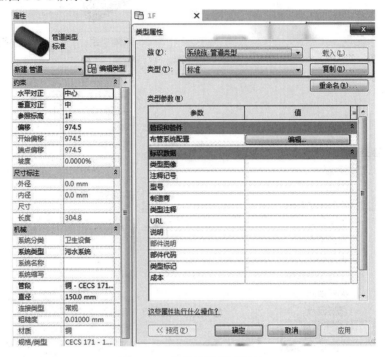

图 5-3-6 编辑管道类型属性

② 单击"复制"按钮，会弹出"名称"对话框，命名为"污水"，点击"确定"，如图 5-3-7 所示。

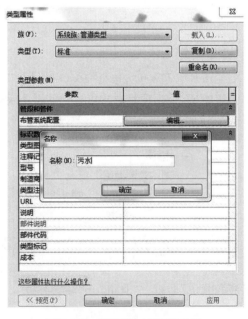

图 5-3-7 创建"污水"管道类型

③ 在"类型参数"的"布管系统配置"后点击"编辑",如图 5-3-8(a)所示,弹出"布管系统布置"对话框,如图 5-3-8(b)所示,点击"管段和尺寸",设置管道材质和尺寸,如图 5-3-8(c)所示。

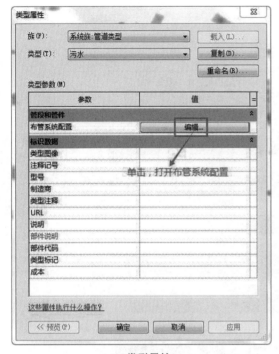

(a)类型属性

(b)布管系统配置

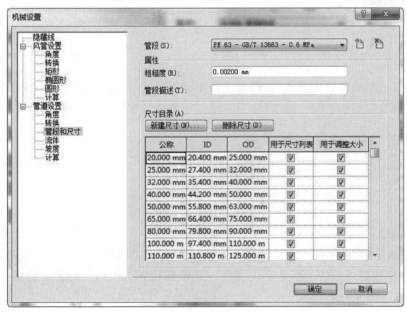

(c)管道和尺寸

图 5-3-8 管道类型参数设置

④ 设置完成后点击"确定",在"布管系统设置"中将管道选择为"PVC-U - GB/T 5836",点击"确定",如图 5-3-9 所示。

图 5-3-9　管段设置

5.3.3　管道绘制

设置好管道系统和管道类型后,根据项目图纸的要求,可以开始进行管道的绘制。管道的绘制分为横管绘制和立管绘制,其中横管绘制还需要考虑坡度的设置问题。

1. 横管的绘制

【执行方式】

功能区:"系统"→"卫浴和管道"面板→"管道"。

快捷键:PI。

【操作步骤】

① 在功能区的"系统"中找到"管道"按钮,单击运行,如图 5-3-10 所示,先进行直径、偏移的设置,选择绘制管道的类型和系统类型。其中偏移 974.5 mm 的含义是指距离当前楼层的高度为 974.5 mm。

② 设置完成后,便可以开始按项目图纸绘制水平横管,如图 5-3-11 所示。如果管道低于楼层时,则需要在"属性"中编辑"视图范围",如图 5-3-12 所示。

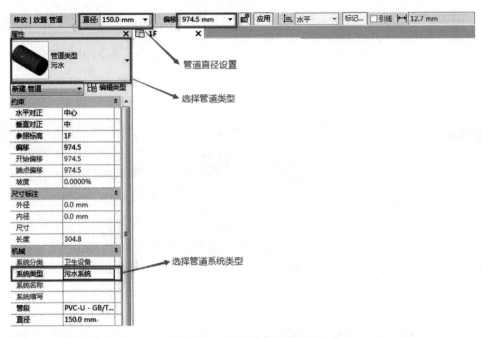

图 5-3-10　管道绘制前的设置

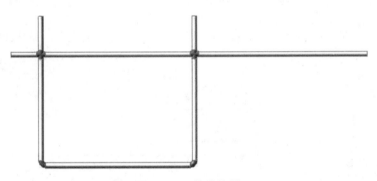

图 5-3-11　管道绘制

图 5-3-12　视图范围设置

2. 坡度的设置

在排水系统中绘制横管时，一般都需要输入一定的坡度值，因为污水是靠重力来排放的，因此排水横管必须有一定的坡度。在"带坡度管道"选项卡中除了"禁用坡度"，还有"向上坡度"和"向下坡度"选项，根据需要点击，然后输入坡度值，如图 5-3-13 所示。

图 5-3-13　坡度的设置

若需要调整管道的坡度，或者在坡度值中没有所需坡度，则可按以下办法添加。

① 如图 5-3-14 所示，选中带有坡度的管道，单击"0.8000％"，会出现更改坡度数值的对话框，将其改为"0.2000％"。

图 5-3-14　坡度的更改

② 如图 5-3-15 所示，也可以在"管道设置"的"坡度"中，新建 0.2000％坡度。

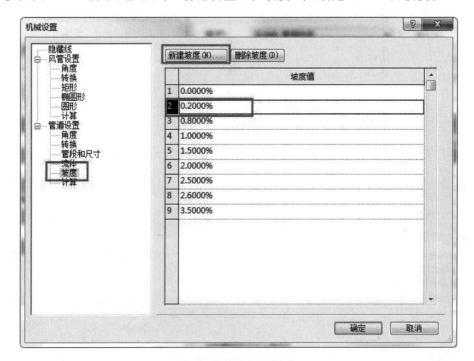

图 5-3-15　新建坡度

3. 立管的绘制

在绘制横管时,如果需要在某处绘制立管,则需要在该处调整横管的标高,系统会根据标高自动生成立管。如图 5-3-16 所示,以绘制一污水立管为例,步骤如下。

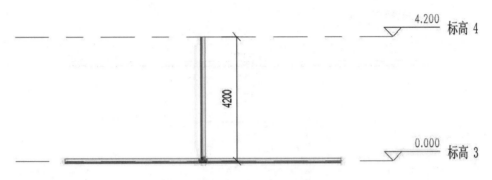

图 5-3-16　立管的绘制

① 利用横管绘制的方法,绘制一根水平管道。如图 5-3-17 所示,设置管道直径为"150.0 mm",偏移为"0.0 mm",管道类型选择"污水",管道系统选择"污水系统"。

图 5-3-17　污水横管的设置

② 点击"管道",起点选择横管的中点,如图 5-3-18(a)所示,偏移按照要求修改为"4200.0 mm",点击"应用"按钮,会出现如图 5-3-18(b)所示的立管和连接件。

③ 切换到南-卫浴立面,检查图形,如图 5-3-18(c)所示,三维图如图 5-3-18(d)所示,完成立管绘制。

4. 管道连接设备

在管道绘制和连接时,Revit2020 中,首先应检查管道的对正设置,对正设置的默认值如图 5-3-19 所示,根据项目的需求,可以灵活设置。

① 自动连接。在 Revit2020 中,放置工具面板上有"自动连接"功能,"自动连接"能简单快速地连接指定的设备和管道。如图 5-3-20 所示的蹲便器和污水横管连接时,选择"蹲便器"后,点击"连接到",会弹出如图 5-3-21(a)所示的对话框,选择"连接件 2",确定后点击污水横管,设备和管道会自动连接,如图 5-3-21(b)所示。

② 手动连接。当设备和管道直接的距离比较近时,使用"自动连接"功能就会出错。这时,就需要进行"手动连接"。手动连接时,可以通过切换立面视图来进行快速连接。

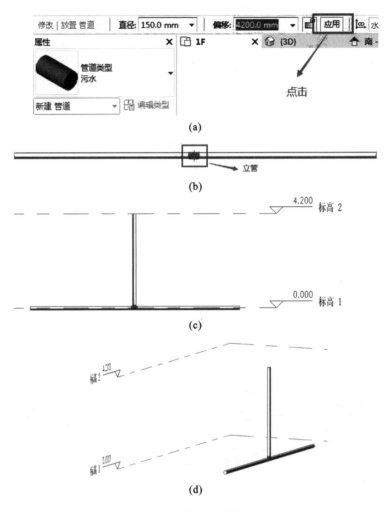

图 5-3-18　污水立管的绘制

图 5-3-19　对正设置

图 5-3-20　蹲便器和污水横管三维图

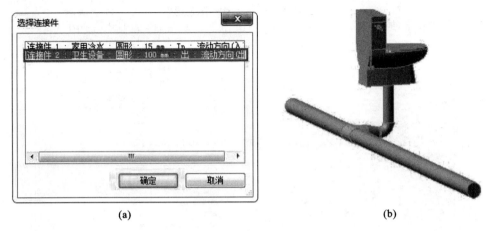

(a)　　　　　　　　　　　　　　　　(b)

图 5-3-21　蹲便器和污水横管自动连接

5. 添加管道附件

（1）添加阀门

在给排水管道系统中,横管和立管均需要按要求添加相应的阀门。如图 5-3-22 所示,点击"管路附件",选择需要添加的阀门,然后放置在管道上合理的位置,放置方式参考设备的放置方式。

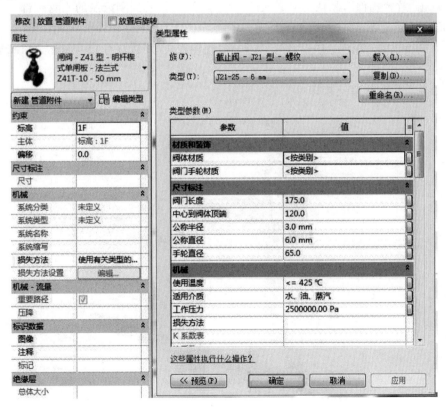

图 5-3-22　添加阀门

（2）添加存水弯

在蹲便器和坐便器与管道连接时，往往需要添加存水弯，添加的步骤如下。

① 载入存水弯族，如图 5-3-23 所示。

图 5-3-23　载入存水弯族

② 选中蹲便器，点击出水口，绘制一段立管，高度可根据实际情况调整。

③ 点击"放置构件"，默认为刚载入的"存水弯族"，移动到刚绘制的立管端部，单击鼠标左键即可放置好。

④ 如图 5-3-24 所示，选中存水弯后，点击"调整方向（旋转命令）"的图标，可以调整存水弯的朝向。

⑤ 绘制管道与横管连接即可完成。

图 5-3-24　放置存水弯

5.3.4　实操实练——别墅给排水系统创建

① 打开"别墅机电建模"项目,以一层为例,在项目浏览器下展开卫浴楼层平面目录,双击"1F"名称进入卫浴一层楼层平面视图。结合图 5-3-25 和图 5-3-26,首先对一层给排水图进行简单的识读,明确先绘制给水系统,再绘制排水系统。

别墅项目一层
给排水系统创建

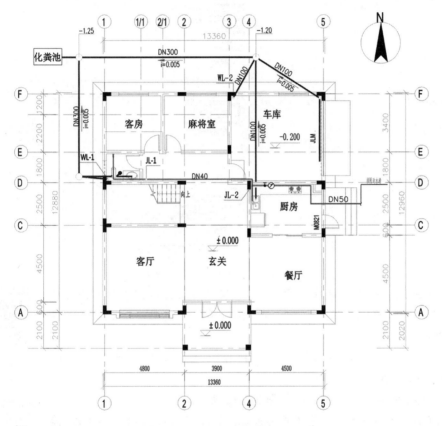

图 5-3-25　一层给排水平面图

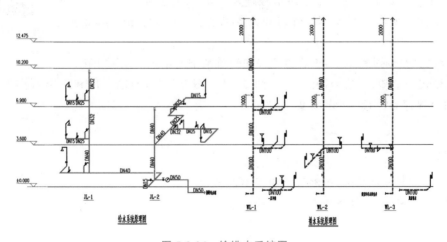

图 5-3-26　给排水系统图

② 绘制给水系统时,管道系统选择"家用冷水"(热水系统绘制方法一样,不用另外绘制,本例中水槽的两个进水口都为冷水),管道类型选择"标准";绘制排水系统时,管道系统添加"污水系统",管道类型添加"污水",如图 5-3-27 所示。

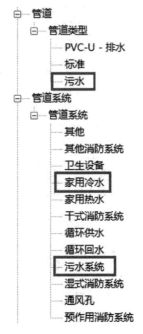

图 5-3-27　添加管道和管道系统

③ 如图 5-3-28 所示,按照顺序,先后绘制出给水管道。考虑到施工时的实际情况,可以允许与图纸位置出现一定的偏差。注意连接件和管道的调整,如图 5-3-29 所示。

④ 如图 5-3-30 所示,连接设备与管道。需要灵活处理,出现偏差时,可稍微调整管道位置。

别墅项目二层
给排水系统创建

⑤ 一层给水管道系统三维图如图 5-3-31 所示。

⑥ 使用同样的方法绘制排水管道系统。如图 5-3-32 所示,其绘制过程参考给水管道的绘制过程。其中污水检查井及排水管道,因为系统无相关族文件,故本实例中没有绘制。管道和设备的连接位置,可根据需要进行调整。

别墅项目三层
给排水系统创建

⑦ 注意,绘制过程中,对于管道类型和管道系统的选择一定要正确。

⑧ 根据所学知识,结合图 5-3-33、图 5-3-34、图 5-3-35,绘制二层和三层给排水管道模型,将项目保存为"别墅-机电模型.rvt"。

> **提示**
>
> 绘制时,管道系统和管道类型不能选错。
> 管道直径、偏差距离不要出错。

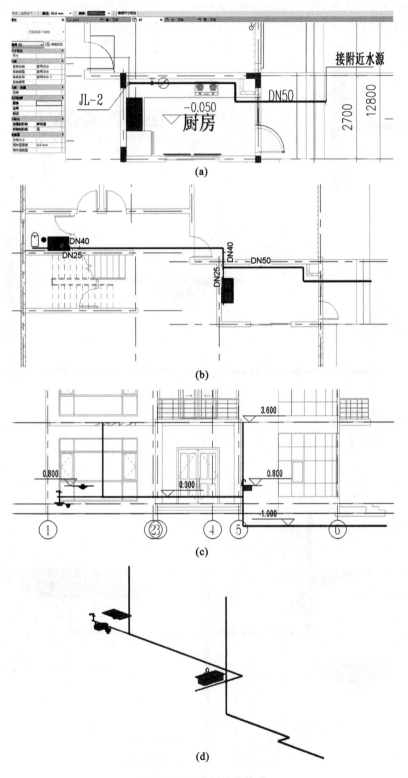

图 5-3-28　绘制给水管道

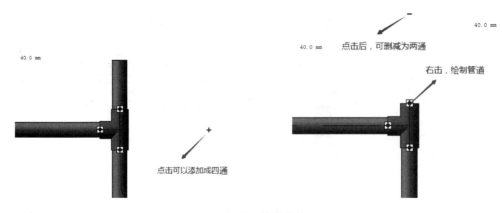

图 5-3-29　管道连接

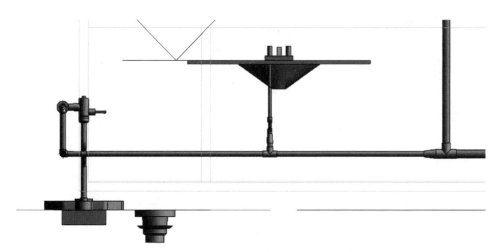

(a)切换到南-卫浴立面,进行连接

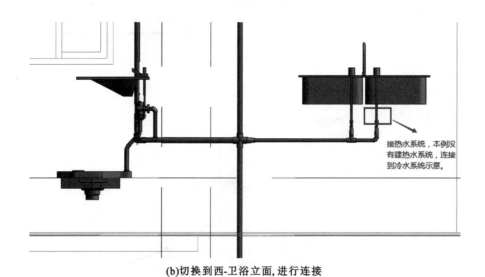

(b)切换到西-卫浴立面,进行连接

图 5-3-30　连接设备与管道

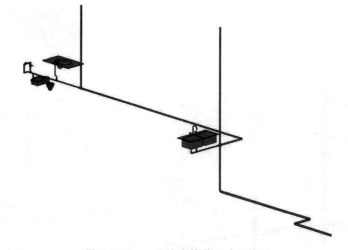

图 5-3-31　一层给水管道系统三维图

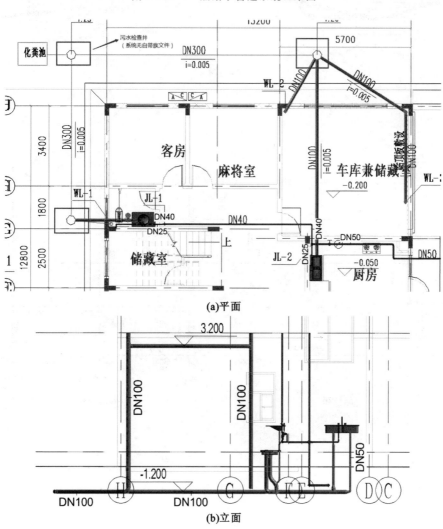

(a)平面

(b)立面

图 5-3-32　一层排水管道绘制

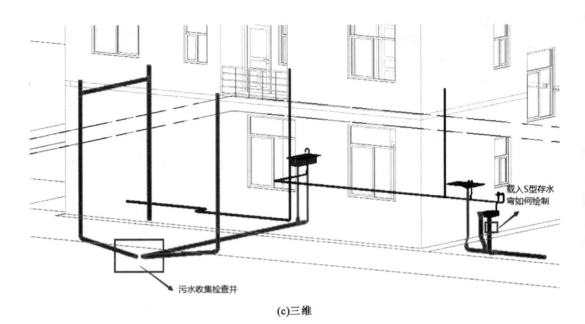

(c)三维

续图 5-3-32

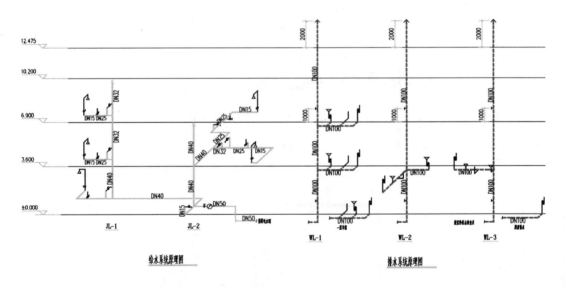

图 5-3-33　系统图

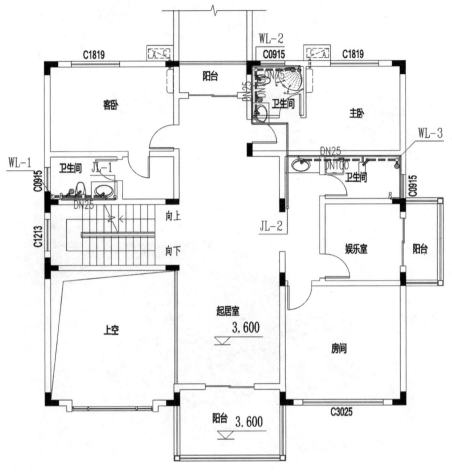

图 5-3-34　二层给排水平面图

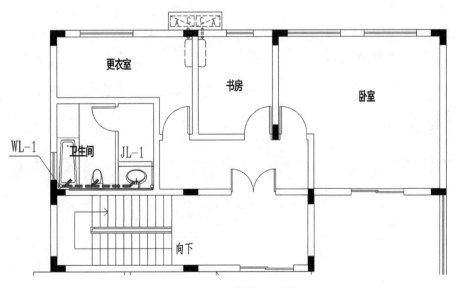

图 5-3-35　三层给排水平面图

学习单元6 场地与场地构件

◇ **教学目标**

通过本单元的学习,掌握包括地形表面、地坪、场地道路、场地构件等图元的创建。创建模型时,遵循"由整体到局部"的原则,从整体出发,逐步细化,完善建筑及环境景观表现。

◇ **教学要求**

内容	能力目标	知识目标	素质目标
地形表面	了解地形地表类型的选择; 掌握地形地表的创建方法; 掌握地形地表的修改编辑	地形地表的类型; 地形地表的创建方法; 地形地表的修改编辑; 完成别墅项目地形地表的创建	培养发现问题、提出问题和解决问题的能力

续表

内容	能力目标	知识目标	素质目标
创建地坪	掌握建筑地坪的绘制方法；掌握建筑地坪的创建和编辑	建筑地坪的绘制方法；建筑地坪的创建和编辑；完成别墅项目建筑地坪的绘制	培养耐心、细心的设置习惯
创建场地道路	掌握场地道路的绘制方法；掌握场地道路的创建和编辑	场地道路的绘制方法；场地道路的创建和编辑；完成别墅项目场地道路的创建和编辑	规范制图，培养学生细心、踏实的行为规范
场地构件	了解场地构件的类型与选择；掌握场地构件的创建和编辑	场地构件类型；场地构件的创建和编辑；完成别墅项目场地构件的创建和编辑	培养耐心、细心的绘图习惯

6.1　场　　地

◇ 知识引导

本节主要讲解场地创建相关知识，完善与丰富建筑模型场地设计与表现，完成建筑场地设计。

基础知识点：
创建地形地表；创建场地道路
基本技能点：
地形地表、场地及道路的创建和编辑

6.1.1　创建地形表面

地球表面高低起伏的各种形态称为地形，地形表面是场地设计的基础。

【执行方式】

功能区："体量和场地"选项卡→"地形表面"面板→"放置点"。

别墅项目地形
表面创建

【操作步骤】

① 展开项目浏览器下的"楼层平面"分支，双击进入"场地"视图。

② 点击"体量和场地"选项卡，选择"地形表面"功能键，进入"修改｜编辑表面"编辑面板，点击"放置点"，如图 6-1-1 所示。

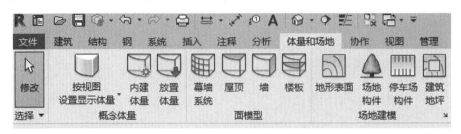

图 6-1-1　地形创建命令

③ 设置高程属性参数。

根据图纸标高，先设置选项栏中"高程"值为"－450.0"，高程形式为"绝对高程"，如图 6-1-2 所示。

图 6-1-2　地形创建、修改命令

④ 点击鼠标左键，在别墅四周按照图 6-1-3 所示的位置放置高程点，完成后退出放置点命令，单击"属性"面板中"材质"后的"浏览"按钮，搜索场地材质类型"土壤-自然"，复制生成"别墅-草地"材质，如图 6-1-4 所示，进行"草地"的地形材质设置，设置完成后单击"修改｜编辑表面"面板中的按钮 ✔ 完成设置，完成后切换至三维视图，效果如图 6-1-5 所示。

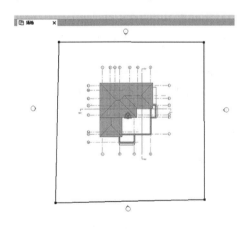

图 6-1-3　地形创建图示

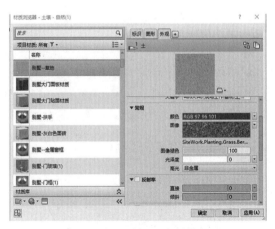

图 6-1-4　地形材质创建

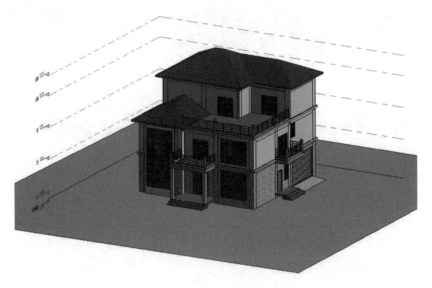

图 6-1-5 地形地表创建效果

> **提示**
>
> 通过放置点的方式创建地形表面的方法比较简单,适用于创建比较简单的地形地表。对于比较复杂的地形,可以通过导入测量数据的方式创建地形地表;可以根据以 DWG\DXF 或 DGN 格式导入的三维等高线数据自动生成地形地表。点击"体量和场地"选项卡,在"修改 | 编辑表面"编辑面板,点击"通过导入创建" 工具下拉列表内的"选择导入实例",选择绘制区域中已导入的三维等高线数据,此时出现"从所选图层添加点"对话框。选择要应用的高程点的图层,并单击"确定"。由于导入生成需要专业的测量数据,这里不多做介绍了。

6.1.2 创建建筑地坪

完成地形地表创建后,需要沿着建筑轮廓创建建筑地坪,平整场地表面。在实际操作中,创建建筑地坪的方法与创建楼板的方法类似。

别墅项目
建筑地坪创建

【执行方式】

功能区:"体量和场地"选项卡→"建筑地坪"面板→"修改 | 创建建筑地坪边界"。

【操作步骤】

① 展开项目浏览器下的"楼层平面"分支,双击进入"1F"视图。

② 点击"体量和场地"选项卡,选择"建筑地坪"功能键,进入"修改 | 创建建筑地坪边界"编辑面板,点击 (直线)工具,进入编辑状态,如图 6-1-6 所示。

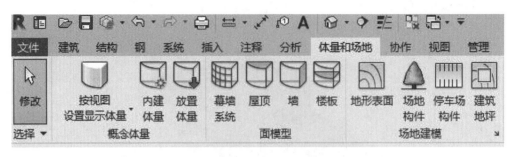

图 6-1-6　建筑地坪创建命令

③ 单击"属性"面板中的"编辑类型"按钮,打开"类型属性"对话框。以"建筑地坪 1"为基础复制名称为"别墅-建筑地坪-450"的新族类型,如图 6-1-7 所示。单击"确定"按钮,点击"类型参数"中的"结构参数值-编辑"按钮,进入"别墅-建筑地坪-450"的编辑界面,修改结构"厚度"为"450.0",复制修改"材质"为"别墅-碎石",如图 6-1-8 所示。设置完成后单击"确定"按钮,返回并退出编辑"类型属性"对话框。

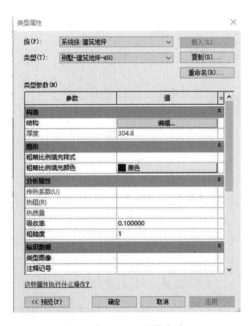

图 6-1-7　编辑命令

图 6-1-8　地坪编辑设置

④ 绘制建筑地坪:修改"属性"面板中的"标高"为"1F","自标高的高度"偏移值为"-150.0",如图 6-1-9 所示。首层楼板标高为±0.00,楼板厚度为 150 mm,因此绘制的建筑地坪的顶标高应为-0.15 m,即建筑地坪标高要达到首层室内楼板底处。

⑤ 确认"绘制"面板中的绘制模式为"边界线",本项目采用"拾取墙"绘制方式;确认选项偏移值为 0。

⑥ 绘制时,沿别墅外墙核心层内侧拾取,生成建筑地坪轮廓边界,如图 6-1-10 所示。完成绘制后单击"完成编辑模式"按钮,切换三维视图,完成地坪模型。

图 6-1-9　地坪修改

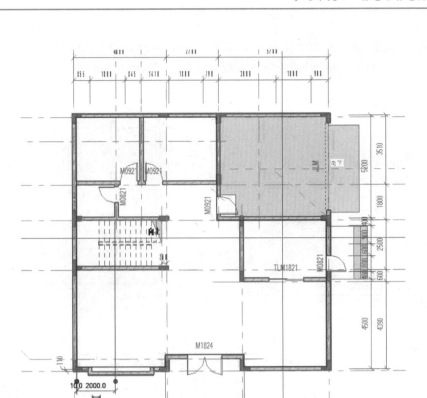

图 6-1-10　地坪创建图示

⑦ 按照上述方法完成车库建筑地坪的绘制。点击"体量和场地"选项卡,选择"建筑地坪"功能键,进入"修改|创建建筑地坪边界"编辑面板,点击 ◢ (直线)工具,进入编辑状态。

⑧ 单击"属性"面板中的"编辑类型"按钮,打开"类型属性"对话框。以"别墅-建筑地坪-450"为基础复制名称为"别墅-建筑地坪-250"的新族类型;单击"确定"按钮,点击"类型参数"中的"结构参数值-编辑"按钮,进入"别墅-建筑地坪-250"的编辑界面,修改"材质"为"别墅-碎石",结构"厚度"为"250",如图 6-1-11 所示。设置完成后单击"确定"按钮,返回并退出编辑"类型属性"对话框,完成对车库添加建筑地坪。

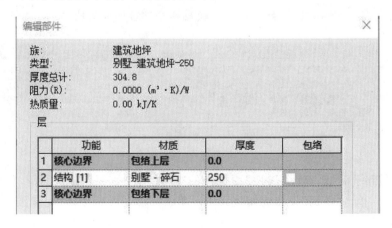

图 6-1-11　类型属性编辑

⑨ 修改"属性"面板中的"标高"为"1F","自标高的高度"偏移值为"—200.0",如图 6-1-12 所示。采用"拾取墙"的绘制方式绘制轮廓线,如图 6-1-13 所示。

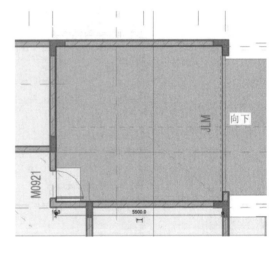

图 6-1-12　创建编辑属性　　　　　　　　图 6-1-13　地坪轮廓线绘制

⑩ 完成绘制后单击"完成编辑模式"按钮,切换三维视图,完成地坪模型。

6.1.3　创建场地道路

完成地形地表创建后,还需要在地形表面上添加道路、场地景观等。可以使用"子面域"和"拆分表面"工具将地形表面分为不同区域,并指定不同材质,从而得到丰富的场地设计。

别墅项目场地
道路创建

【执行方式】

功能区:"体量和场地"选项卡→"子面域"面板→"修改 | 创建建筑地坪边界"。

【操作步骤】

① 展开项目浏览器下的"楼层平面"分支,双击进入"场地"视图。

点击"体量和场地"选项卡,选择"子面域"功能键,如图 6-1-14 所示。点击"修改 | 创建建筑地坪边界"编辑面板,进入"修改 | 创建建筑地坪边界"编辑状态,然后点击 （直线)工具, （圆角弧)工具,按图 6-1-15 所示的尺寸绘制三个部分的面域边界。

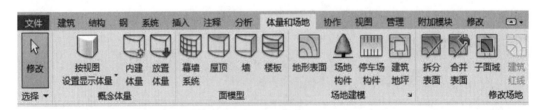

图 6-1-14　场地创建命令

② 选择道路子面域,修改"属性"面板中的"材质"为"别墅-道路沥青",如图 6-1-16 所示;设置完成后,单击"应用"按钮应用该设置。单击"模式"面板中的"完成编辑模式"按钮,完成"子面域"的绘制。

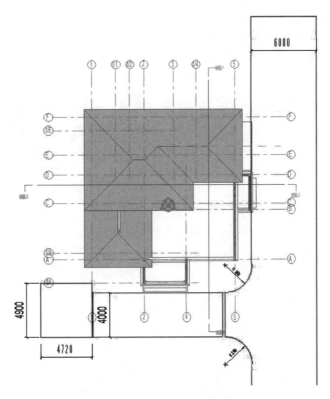

图 6-1-15　场地创建图示

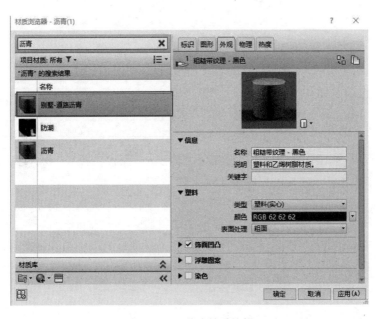

图 6-1-16　道路材质编辑

③ 选择室外铺装子面域,修改"属性"面板中的"材质"为"别墅-室外地砖",如图 6-1-17 所示;设置完成后,单击"应用"按钮应用该设置。单击"模式"面板中的"完成编辑模式"按钮,完成"子面域"的绘制。

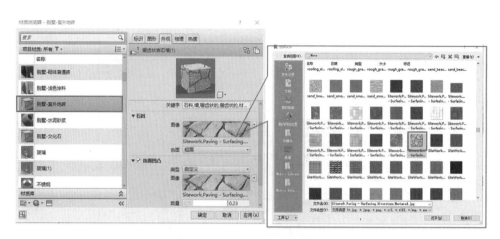

图 6-1-17　室外铺装材质编辑

④ 选择室外防腐木子面域,修改"属性"面板中的"材质"为"别墅-室外防腐木",如图 6-1-18 所示;设置完成后,单击"应用"按钮应用该设置。单击"模式"面板中的"完成编辑模式"按钮,完成"子面域"的绘制。

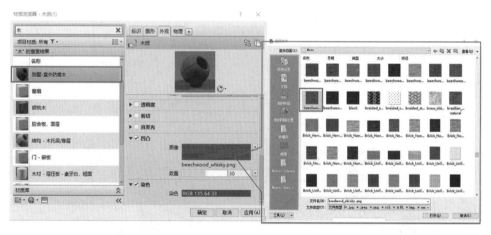

图 6-1-18　室外防腐木材质编辑

⑤ 选中已绘制的子面域,单击"子面域"面板下的"编辑边界"工具,进入子面域边界轮廓编辑状态,可以对尺寸形状进行修改编辑。

"拆分表面"工具与"子面域"工具功能类似,都可以将地表划分成独立的区域。两者的不同之处在于"子面域"工具将局部复制原始表面,创建一个新面,而"拆分表面"工具则将地形表面拆分为独立的表面。若要删除由"子面域"工具创建的子面域,直接删除即可;而删除"拆分表面"工具创建的拆分区域,则必须使用"合并表面"工具,如图 6-1-19 所示。

⑥ 将项目另存为"别墅-场地道路.rvt"。

图 6-1-19　修改场地命令

6.2　场地构件

◇ 知识引导

本节主要讲解场地构件添加的相关知识,完善与丰富建筑模型场地设计与表现,完成建筑场地设计。

基础知识点:

场地构件概念,场地构件种类

基本技能点:

场地构件的创建,场地构件的编辑

完成场地、道路设置后,还需要进行场地景观、小品等设计。可以使用"场地构件"工具,为场地添加树木、户外设施、人物等环境构件,从而得到丰富的场地环境设计。

注:如果未在项目中载入场地构件,则会出现一条消息,指出尚未载入相应的族。

【执行方式】

功能区:"体量和场地"选项卡→"场地建模"面板→"场地构件"命令。

【操作步骤】

① 展开项目浏览器下的"楼层平面"分支,双击进入"场地"视图。

② 点击"体量和场地"选项卡,选择"场地建模"面板的"场地构件"功能键,如图 6-2-1 所示。

别墅项目
场地构件添加

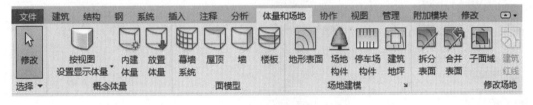

图 6-2-1　场地构件创建命令

③ 在"属性"面板中选择所需要的构件,如图 6-2-2 所示。

④ 在场地绘图区域中单击以添加一个或多个构件,以植物为例,如图 6-2-3 所示。

⑤ 选择"场地构件",在"修改|场地构件"功能下点击"载入族"命令,如图 6-2-4 所示;或者在"属性"面板中,点击"编辑类型",通过"类型属性"对话框,点击"载入"按钮,如图 6-2-5 所示。这两种方式都可以进行构件载入。

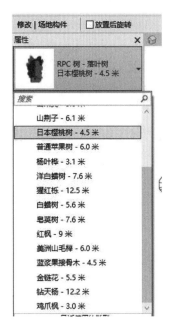

图 6-2-2　选择构件

图 6-2-3　构件创建图示

图 6-2-4　构件载入 1

图 6-2-5　构件载入 2

⑥ 在"载入族"对话框里执行"建筑"→"场地"→"附属设施"→"景观小品"→"方形遮阳伞"或者"圆形天棚"命令,如图 6-2-6 所示。

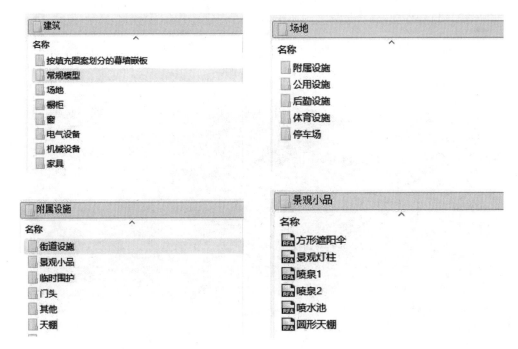

图 6-2-6   构件查找示例

⑦ 按照上述方法可以查找其他合适的构件。在适当的位置放置景观灯柱、喷水池、长椅等，以丰富建筑整体环境表现，如图 6-2-7、图 6-2-8 所示。

图 6-2-7   查找其他构件

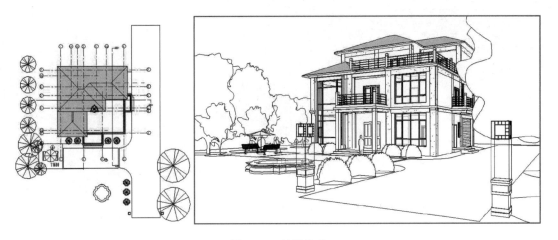

图 6-2-8   放置构件

⑧ 完成场地构件创建后,效果如图 6-2-9 所示,将项目另存为"别墅-场地.rvt"。

图 6-2-9　构件创建效果

学习单元7 建筑表现

通过本单元的学习,掌握包括建筑材质、相机、效果渲染、漫游路径等的基本创建方法。创建模型时,遵循建筑物的"设计美学"要求,展现建筑的艺术表现。

◇ 教学要求

内容	能力目标	知识目标	素质目标
材质设置	了解模型材质类型的特点； 了解模型材质类型的选择； 掌握常用材质的创建、设置与编辑方法	常用材质的类型与特点； 模型材质类型的选择原则； 常用材质的创建、设置与编辑方法； 完成别墅项目材质的编辑与调整	培养发现问题、提出问题和解决问题的能力
相机设置	了解相机属性与选择； 掌握相机的创建方法； 掌握相机的编辑方法	相机属性； 相机的创建和编辑方法； 完成别墅项目相机的创建与调整	培养耐心、细心的学习习惯
渲染设置	掌握渲染创建和参数设置； 掌握渲染编辑和出图方法	渲染创建选择； 渲染参数设置方法； 渲染编辑和出图方法； 完成别墅项目渲染设置	规范制图，培养学生细心、踏实的绘图习惯
漫游设置	掌握漫游路径的创建方法； 掌握编辑漫游路径的方法； 掌握播放及导出动画的方法	漫游路径的创建和编辑方法； 播放及导出动画的方法； 完成别墅项目漫游设置	培养耐心、细心的绘图习惯

7.1　材质设置

◇ 知识引导

　　本节主要讲解建筑材质的创建渲染实际应用操作。材质是指定要应用到模型图元或族的材质与关联属性，能直观反映建筑模型的色彩、质感与整体形象效果。因此其创建需要遵循设计美学要求，材质设置的合理性与搭配度的和谐性关系整个项目模型的美观效果。

基础知识点：

材质的属性参数

基本技能点：

材质的创建和编辑

这里所创建的材质是指定要应用到模型图元或族的材质与关联属性。

【执行方式】

功能区："管理"选项卡→"材质"面板。

【操作步骤】

① 在功能区选中"管理"选项卡,点击材质命令,如图 7-1-1 所示。

② 墙体以文化石材质为例进行说明,打开"材质浏览器"对话框,选择"别墅-文化石"材质选项,如图 7-1-2 所示。

别墅项目
材质添加

图 7-1-1　材质命令

图 7-1-2　选择材质

③ 设置材质属性参数。

在外观选项中点击石料"图像"类型下的链接,如图 7-1-3 所示。在打开的材质图库里选择合适的文化石贴图,并打开,如图 7-1-4 所示。在饰面选项下拉选择粗面,点击"确定"。在该对话框中可以修改材质的其他参数信息,参数说明如下。

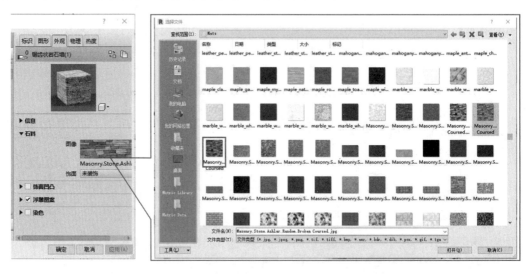

图 7-1-3　外墙文化石
材质编辑 1

图 7-1-4　外墙文化石材质编辑 2

勾选"饰面凹凸","类型"选择为"自定义","图像"选择同上的材质贴图,点击"确定",如图 7-1-5 所示。

图 7-1-5　外墙文化石材质编辑 3

调整好墙体材质,执行墙体模型→属性→编辑类型→结构层→面层材质栏→选择相应材质命令,点击"确定"。

④ 设置其他材质属性参数。

以相同的操作步骤设置"别墅-灰白色面砖"的属性参数,如图 7-1-6 所示。

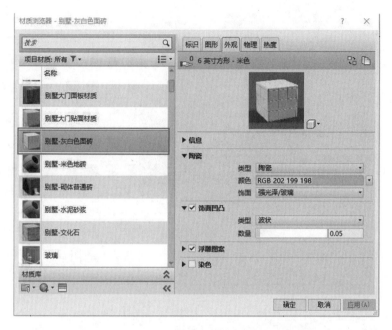

图 7-1-6　面砖材质属性设置

设置"别墅大门面板"的属性参数,如图 7-1-7 所示。调整好面板材质,执行木门模型→属性→编辑类型→面板材质栏→选择相应材质命令,点击"确定"。

图 7-1-7　大门材质属性设置

以相同的操作步骤设置"别墅-筒瓦"的属性参数,如图 7-1-8 所示。点击模型按步骤赋予材质,点击"确定"。

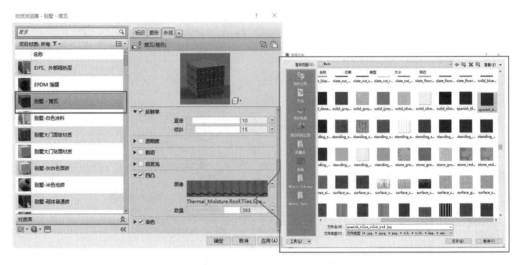

图 7-1-8 筒瓦材质属性设置

以相同的操作步骤设置"别墅-扶手"的属性参数,如图 7-1-9、图 7-1-10 所示。注意扶手模型是族加载,需要选择栏杆结构、顶部扶手的材质设置。

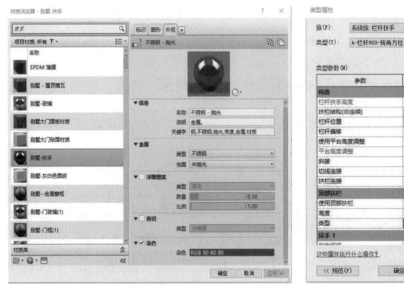

图 7-1-9 扶手材质属性设置　　　　图 7-1-10 扶手类型属性编辑

以相同的操作步骤设置"别墅-金属窗框""别墅-玻璃"的属性参数,如图 7-1-11、图 7-1-12 所示。点击模型按步骤赋予材质,点击"确定"。

以相同的操作步骤设置"别墅-门框(1)"的属性参数,如图 7-1-13 所示。点击模型按步骤赋予材质,点击"确定"。

以相同的操作步骤设置"别墅-浅色涂料"等浅色墙面漆材质的属性参数,如图 7-1-14 所示。点击模型按步骤赋予材质,点击"确定"。

图 7-1-11　金属窗框材质属性设置

图 7-1-12　玻璃材质属性设置

图 7-1-13　门框材质属性设置

　　以相同的操作步骤进行别墅推拉门、幕墙等其他细节材质的属性参数设置,完成整体材质的设置与赋予,点击保存。

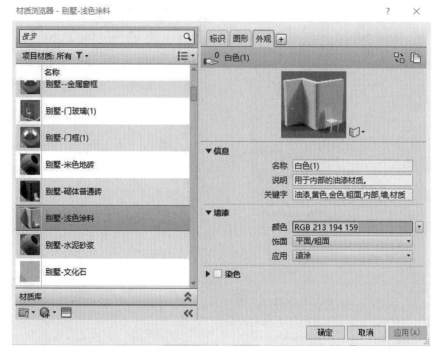

图 7-1-14 墙面漆材质属性设置

7.2 相机创建

基础知识点：

相机的属性参数；创建设置

基本技能点：

相机的创建和编辑

这里所创建的相机是指通过放置在视图中的相机的透视图来创建三维视图。

【执行方式】

功能区："视图"选项卡→"三维视图"命令→"相机"。

【操作步骤】

① 在项目浏览器展开中选择"楼层平面"中的"场地"，如图 7-2-1 所示。

② 在功能区选中"视图"选项卡，点击"三维视图"命令，下拉选择"相机"，如图 7-2-2 所示。

别墅项目
相机创建

③ 在场地绘图框里放置相机，将光标拖拽到所需目标单击即可放置，如图 7-2-3（a）所示。

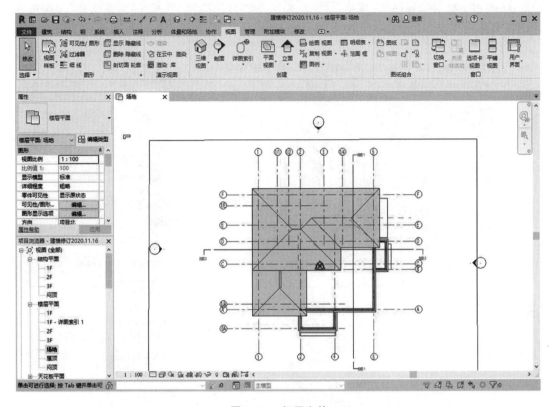

图 7-2-1　打开文件

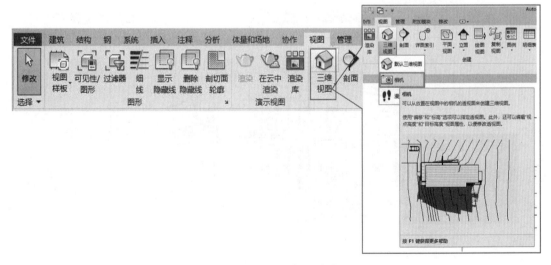

图 7-2-2　相机创建命令

④ 选中相机,在"属性"栏里修改"视点高度"和"目标高度"以及"远剪裁偏移"。也可在绘图区域拖拽视点和目标点的水平位置,如图 7-2-3(b)所示。

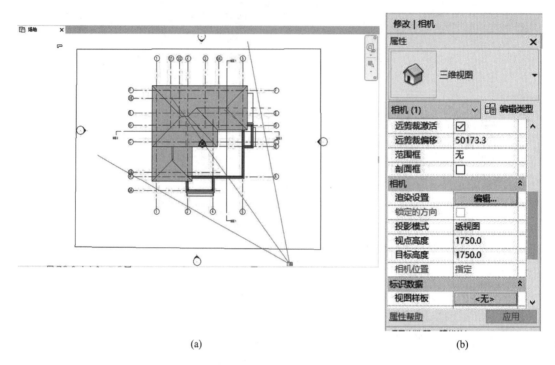

(a)   (b)

图 7-2-3　相机属性编辑

⑤ 在三维视图中调整图幅的范围,如图 7-2-4 所示。

图 7-2-4　相机创建三维视图

续图 7-2-4

7.3　渲　　染

◇ 知识引导

别墅项目
渲染应用

本节主要讲解渲染和漫游的操作步骤,完成项目的渲染图片和动画导出。

基础知识点:

渲染的属性参数;漫游设置

基本技能点:

渲染的设置与出图

7.3.1　渲染及输出

大部分建筑构件在创建完成后就可以进行渲染,以观察方案的情况,便于查找问题进行处理;渲染须进行材质管理设置,在本单元第一节中已经讲过,本小节主要讲解渲染的基本操作与设置步骤。

BIM 全专业建模与信息应用

【执行方式】

功能区:"视图"选项卡→"渲染"命令。

【操作步骤】

① 切换至三维视图,点击"视图"选项卡,选择"演示视图"面板中的"渲染"工具,如图 7-3-1 所示。

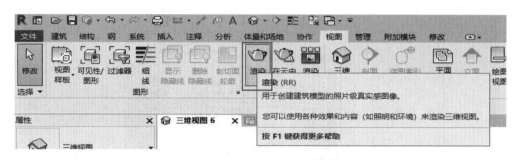

图 7-3-1　选择渲染工具

② 在"渲染"对话框设置相关参数,如图 7-3-2 所示。可以设置"质量"选项为"中",质量越高所占计算机内存越大;可设置"输出设置"为"屏幕"或者"打印机",其中"打印机"分辨率为 150～300DPI,选择这种模式可以设置更高的分辨率;设置"照明"为"室外:仅日光",可以根据地域及时间进行特定设置;设置"背景"的样式为"天空:多云",表现背景图片或者颜色。

图 7-3-2　渲染属性设置

③ 勾选"区域",可以调整渲染窗口大小,设置完成后点击"渲染",进入渲染状态,如图 7-3-3 所示。

④ 渲染完成后,将项目另存为"别墅-渲染出图. rvt"。

7.3.2　云渲染

使用云渲染服务时,点击"视图"选项卡,选择"在云中渲染"工具,会弹出"渲染"对话框,提示如何使用云渲染工具;可以根据提示进行操作,设置参数后点击开始。渲染完成后会自动提示,在网页中下载渲染好的视图图像。

图 7-3-3　渲染出图

提示

　　使用云渲染，必须要有 Autodesk 账户，可以注册并使用。
　　除上述介绍的渲染方式外，也可以导入其他软件进行渲染，如：3dsMax、Lumion、Artlantis。

7.4　漫　　游

别墅项目
漫游应用

◇　知识引导

　　本节主要讲解漫游工具的操作步骤，可制作漫游动画，更直接地观察建筑及环境，增加三维空间身临其境的效果。

基础知识点：
设置漫游路径；编辑漫游路径；播放及导出动画
基本技能点：
设置、编辑漫游路径

7.4.1　设置、编辑漫游路径

【执行方式】

功能区:"视图"选项卡→"三维视图"工具→"漫游"命令。

【操作步骤】

① 切换至 1F 楼层平面视图,点击"视图"选项卡,选择"三维视图"工具下的"漫游"命令,如图 7-4-1 所示。

图 7-4-1　漫游路径设置

② 选择适当的起点,沿建筑模型外部四周添加相机及漫游的关键帧,每单击一次可以逐点添加相机的位置,如图 7-4-2、图 7-4-3 所示。

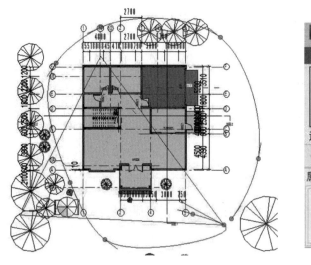

图 7-4-2　漫游路径图示

图 7-4-3　漫游路径设置

③ 要编辑路径,请单击"修改│相机"选项卡→"漫游"面板,在"控制"下拉列表下选择"活动相机""路径"(编辑漫游),如图 7-4-4、图 7-4-5 所示。可以从路径中编辑控制点进行调整,控制点会影响相机的位置和方向。

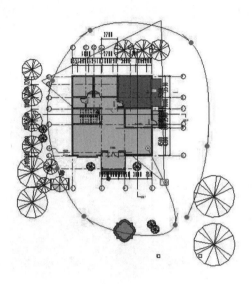

图 7-4-4　漫游路径编辑——活动相机

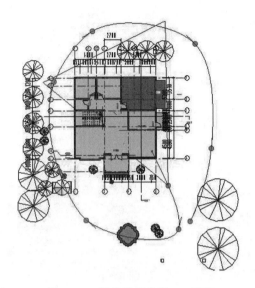

图 7-4-5　漫游路径编辑——路径

7.4.2　调整漫游帧

设置好路径后,可以对要生成的漫游动画总帧数及关键帧的速度进行设置。点击"属性"选项,"其他"选项下的"漫游帧"设置为 300,如图 7-4-6 所示,在弹出的对话框中可以看到 7 个关键帧,如图 7-4-7 所示,即 1F 楼层平面图所添加的视点数,可以根据需要进行播放速度的调整。

图 7-4-6　漫游帧编辑 1

图 7-4-7　漫游帧编辑 2

7.4.3 播放及导出动画

① 设置好路径的相关参数,在漫游视图中选择"编辑漫游",可以进入"修改|相机"选项卡,进行上下查看,如图 7-4-8、图 7-4-9 所示,点击"播放"按钮可以播放漫游动画。

图 7-4-8 漫游播放   图 7-4-9 漫游三维视图

② 播放漫游动画后满意就可以导出,点击菜单栏"文件"→"导出"→"图像和动画"→"漫游",可以以视频文件格式导出。(注:在漫游视图中,可以以"真实"或者"着色"模式进行,效果更好)

③ 动画完成后,将项目另存为"别墅-动画导出. rvt"。

学习单元 8　建筑施工图

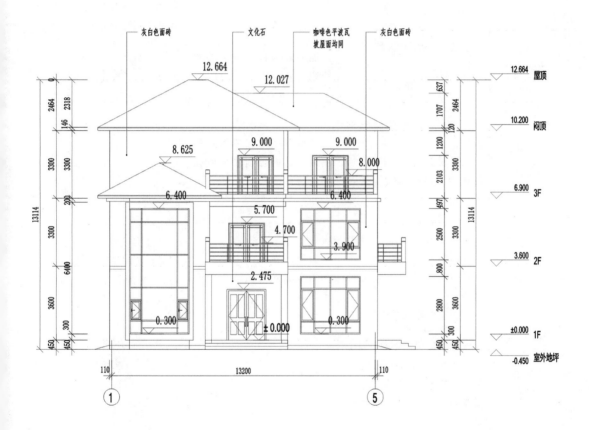

◇ 教学目标

通过本单元的学习,掌握包括视图控制的常用功能、复制视图的方法,创建与绘制建筑平面图、立面图、剖面图、详图的方法,创建明细表以及布置与导出图纸,掌握在 Revit 中建筑施工图制图的整个流程。

◇ 教学要求

内容	知识目标	能力目标	素质目标
视图显示及常用功能介绍	了解常用视图控制功能；熟悉基线、规程、视图范围、详细程度、隐藏图元、视图过滤器视图控制功能的含义	能根据施工图不同图纸类型需表达的图示内容和特点，灵活控制视图显示状态	培养耐心、细心的设置习惯；培养发现问题、提出问题和解决问题的能力
复制视图	知道三种复制模式的区别；掌握复制视图的方法	能完成项目所需出图的视图复制操作	
绘制建筑平面图	了解创建平面视图的方法；掌握平面图尺寸标注、房间标注、遮罩区域、视图可见性设置	能根据平面施工图所需图纸表达内容创建平面施工图	通过实践操作带动理论学习，规范制图，培养学生细心、踏实的行为习惯和主动学习钻研的习惯
绘制建筑立面图	了解创建立面视图和修改立面视图的方法；理解标高线样式创建的方法；掌握立面轮廓线调整	能根据立面施工图所需图纸表达内容创建立面施工图	
绘制建筑剖面图	掌握剖面视图创建方法；熟悉材质表面和截面填充样式修改方法；掌握尺寸标注文字替代的方法	能根据剖面图所需图示内容掌握剖面视图的创建	
绘制建筑详图	了解利用绘制视图导入CAD的方法；理解详图索引的原理；掌握详图创建方法；掌握利用详图线、可见性设置完善详图表达的操作方法	能利用"详图索引"工具创建详图视图；能根据施工图制图规范修改图元显示状态并添加相关注释信息；能使用"绘制视图"工具创建空白视图，通过"导入CAD"工具导入DWG文件，掌握快速创建详图的方法	规范制图，培养学生细心、踏实的行为规范；设置难点，培养探索学习的习惯

续表

内容	知识目标	能力目标	素质目标
创建明细表	掌握明细表创建方法；熟悉明细表属性设置的选项含义；了解重复使用明细表的方法	能创建不同材料统计明细表,掌握明细表样本在不同项目间调用的操作方法	设置难点,培养探索学习的习惯。引导学生发现问题和提出新问题,培养创新思维能力
布置与导出图纸	了解导出 CAD 图层设置、修改文件大小的方法；熟悉标题栏载入和修改的方法；掌握在图纸中添加视图的操作方法；掌握修改图纸标题方式	能将创建的视图添加到图纸中并完成图纸布置和图纸标题修改；能将 Revit 图纸导出为 DWG 格式的文件并减小 Revit 项目文件大小	

8.1 管理视图

◇ 知识引导

Revit 模型完成后,将进行图纸的布置与导出,在此之前需要对视图中图元的显示状态,如线宽、线型、可见性、截面填充等进行调整,使之符合施工图制图规范要求,本节主要讲解常用的视图控制功能,并通过别墅项目介绍各视图控制工具具体操作的方法。

基础知识点：

常用视图控制功能:基线,规程,视图范围,详细程度,隐藏图元,视图过滤器等

基本技能点：

能根据施工图设计要求灵活控制视图显示状态

8.1.1 "属性"面板视图控制

(1)基线视图

基线视图是在当前平面视图下显示的另一个平面视图,如想在 2F 层显示

管理视图 1

1F 层的模型图元作为参考,如图 8-1-1 所示,可把基线设置为 1F,则在 2F 层将以半色调浅灰色线显示出 1F 层的模型,在颜色上方便区分是否为当前层图元。"基线"不仅可以在楼层平面视图中设置,也可通过定义视图实例中参数的"基线方向",指定显示相关标高的天花板平面。

> 提示
>
> 基线视图中半色调线的样式如何修改?
>
> 在"管理"选项卡的"设置"面板中单击"其他设置",在下拉列表中选择"半色调/基线"选项,打开"半色调/基线"对话框,可以在此设置基线视图的线宽、线型填充图案、是否应用半色调,以及半色调的显示亮度。

(2)规程

"规程"是项目的专业分类,项目视图的规程有六个,即"建筑""结构""机械""电气""卫浴"和"协调",如图 8-1-2 所示。当不同专业模型建立在一个 Revit 文件中,或在一个 Revit 文件中整合不同专业的模型后,可通过"规程"控制专业模型的显示状态。例如,"规程"选择"建筑",则建筑模型将亮显,而结构或电气模型将以半色调的方式显示。如果一个文件中既含有建筑、结构模型,又含有机电模型,那么"规程"设置为"协调",方可同时显示两个专业模型。

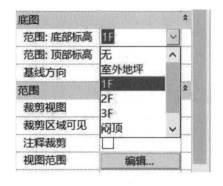

图 8-1-1　基线设置

图 8-1-2　规程设置

(3)裁剪范围

如图 8-1-3 所示,可以通过是否勾选"属性"面板中的"裁剪视图""裁剪区域可见"控制图元是全部显示还是部分显示。注意在三维视图下还可以通过"剖面框"来进行控制,如图 8-1-4 所示。

(4)视图范围

单击"属性"面板"视图范围"后的"编辑" ▐ 编辑... ▌ 按钮,将打开"视图范围"窗口,如图 8-1-5 所示。对照立面视图文字标注理解顶、剖切面、底、标高、主要范围和视图深度的含义,如图 8-1-6 所示。

·主要范围:"顶""底"用于指定视图范围的最顶部和最底部的位置,"剖切面"是确定视图中某些图元可视剖切高度的平面,这三个平面用于定义视图的主要范围。

图 8-1-3　裁剪范围设置　　　　　　图 8-1-4　三维视图剖面框设置

图 8-1-5　"视图范围"窗口

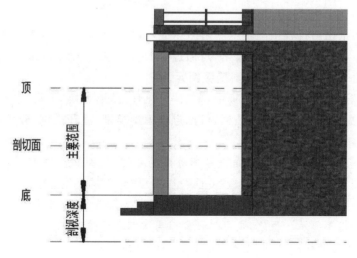

图 8-1-6　视图范围

·视图深度:是视图主要范围之外的附加平面,可以设置视图深度的标高,以显示位于底裁剪平面之下的图元,默认情况下该标高与底部重合,"主要范围"的"底"不能超过"视图深度"设置的范围。主要范围和视图深度范围外的图元不会显示在平面视图中,除非设置视图实例属性中的"基线"参数。

　　在平面视图中,软件默认使用"对象样式"中定义的"投影线样式绘制"控制视图主要范围内未被"剖切面"截断的图元线的显示样式;使用"截面线样式绘制"控制被"剖切面"截断的图元线的显示样式;使用"线样式"对话框中的"〈超出〉"线子类别控制"视图深度"范围内的图元线的显示样式。

（5）详细程度

视图的详细程度分为粗略、中等和详细三个等级,用于控制视图中显示模型的详细程度。不难理解,等级越高,模型显示的细节越多,例如,平面视图下墙体在"粗略"视图详细程度下仅显示墙表面轮廓线,而在"详细"视图模式下则会显示墙的多层结构线和截面填充图案。

（6）视图过滤器

使用"视图"选项卡下"图形"面板中的"过滤器"工具,可以根据任意参数条件过滤视图中符合条件的图元对象来创建过滤器,并在视图中调用和设置创建的过滤器的可见性、投影表面、截面、半色调参数,来控制对象的显示状态。通过视图过滤器,用户可根据需要突出设计意图,使图纸更生动、灵活。

使用"过滤器"可以针对不同分类的构件统一设置显示或隐藏,一般在建模前期策划阶段就会给项目各专业的构件配色,可以统一在过滤器中设置。

8.1.2　"可见性/图形替换"窗口视图控制

为使施工图纸出图符合中国施工图制图标准,需要对视图中不需要出现的图元进行隐藏,如立面符号、参照平面、RPC构件等,可通过如下三种方式控制图元的可见性。

方法一:"可见性/图形替换"工具隐藏图元。

打开"视图"选项卡的"图形"面板中,单击"可见性/图形替换"工具,或键盘输入快捷键"VV",打开"可见性/图形替换"对话框,可见包含模型类别、注释类别、分析模型类别、导入的类别和过滤器五个选项卡。

例如将 1F 楼层平面视图中立面符号和链接的 CAD 图纸进行隐藏,可切换至"注释类别"选项卡,如图 8-1-7 所示,取消勾选"立面";切换至"导入的类别"选项卡,取消勾选"别墅1-图纸",如图 8-1-8 所示,单击"确定"按钮退出。此时立面符号和 1F 楼层平面链接的 CAD 图纸在当前视图将不显示。反之,则可打开窗口再次勾选隐藏的对象。

方法二:视图控制栏的"临时隐藏/隔离"工具隐藏图元。

选择需隐藏的对象,单击视图控制栏的"临时隐藏/隔离" 按钮,在弹出的列表中选择"隐藏图元",如图 8-1-9 所示。

方法三:右键快捷菜单隐藏图元。

切换立面视图,选择需要隐藏的轴线,单击鼠标右键,在弹出的快捷菜单中选择"在视图中隐藏"→"图元"选项,如图 8-1-10 所示,将隐藏所选的轴线。

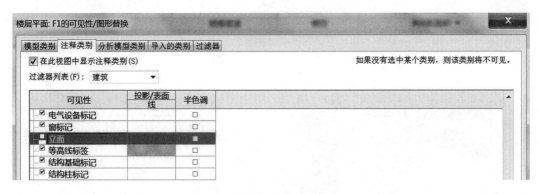

图 8-1-7 取消立面符号显示

图 8-1-8 隐藏链接 CAD 图

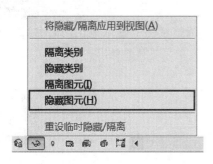

图 8-1-9 视图控制栏隐藏图元   图 8-1-10 右键快捷菜单隐藏

　　隐藏图元后,可单击视图控制栏中的"显示隐藏的图元" 按钮,视图中将淡显其他图元并以红色显示已隐藏的图元。选择隐藏图元,单击鼠标右键,如图 8-1-11 所示,从弹出的菜单中选择"取消在视图中隐藏"→"图元或类别"选项,即可恢复图元的显示。再次单击视图控制栏中的"显示隐藏的图元" 按钮,返回正常视图模式。

> **提示**
>
> 　　与"可见性/图形"工具不同的是,采用"临时隐藏/隔离"工具隐藏的图元,在重新打开项目或打印出图时仍将被打印出来,而"可见性/图形"工具则是在视图中永久隐藏图元。要将"临时隐藏/隔离"的图元变为永久隐藏,可以在"临时隐藏/隔离"选项列表中选择"将隐藏/隔离应用于视图"选项。

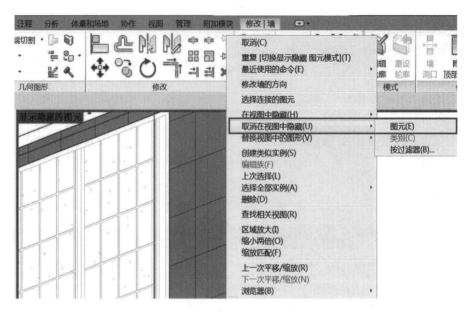

图 8-1-11　取消在视图中隐藏图元

8.1.3　实操实练——视图控制

通过视图"属性"面板,修改视图相关属性,可以调整视图的显示范围、显示比例、详细程度等属性,使得视图图元显示符合标准施工图制图要求。

管理视图 2

(1)调整视图基线

打开 2F 楼层平面视图,该视图除显示 2F 层模型投影线和截面填充线外,还显示了浅灰色的 1F 楼层平面视图的模型线,如图 8-1-12 所示。在"属性"面板中下拉滑块,将"基线"后选择框中的"1F"修改为"无",如图 8-1-13 所示,在当前视图中不显示基线视图。

别墅项目
视图控制

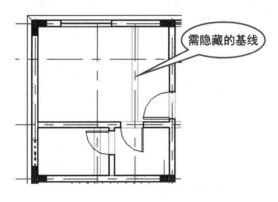

图 8-1-12　隐藏基线

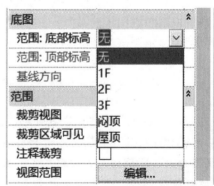

图 8-1-13　基线设置

（2）修改视图属性

确认"视图比例"为 1∶100；"显示模型"为"标准"；"详细程度"为"粗略"；"墙连接显示"为"清理所有墙连接"（注意该模式只有在视图显示为粗略状态才起作用）；设置"规程"为"建筑"，完成后单击"确定"按钮退出，注意视图中墙截面显示的变化。在视图控制栏单击 ⬚ ，设置当前显示状态为"隐藏线"模式。

（3）修改视图范围

切换至 1F 楼层平面视图，未显示室外散水图元，Revit 默认低于当前层底标高的图元不可见，按照制图规范要求，一层平面图需要显示散水等室外附属构件。打开视图"属性"对话框，单击"视图范围"后的"编辑"按钮，打开"视图范围"对话框，如图 8-1-14 所示，修改"视图深度"栏中的标高为"标高之下（室外地坪）"，设置"偏移"为 0，单击"确定"按钮退出，注意观察散水图元已显示模型投影线。

（4）修改线样式

在"管理"选项卡的"设置"面板中单击"其他设置"，在弹出的下拉列表中选择"线样式"，打开"线样式"对话框，如图 8-1-15 所示，修改"〈超出〉"子类别线宽代号为 1，线颜色为"红色"，线型图案为"中心线"，单击"确定"按钮退出对话框。注意室外地坪标高中的散水模型线在当前 1F 视图中显示为红色虚线。

图 8-1-14　视图范围设置　　　　图 8-1-15　线样式设置

（5）创建视图过滤器

在"视图"选项卡下的"图形"面板上单击"过滤器"工具，打开"过滤器"对话框。如图 8-1-16 所示，在打开的"过滤器"对话框中，点击左下角"新建"按钮，输入"外墙"作为名称，单击"确定"按钮返回"过滤器"对话框，在"类别"下勾选"墙"，设置"过滤器规则"下的"过滤条件"为"功能"；判断条件为"等于"；值为"外部"。使用类似方法创建名称为"内墙"的过滤器，不同的是设置值为"内部"。

（6）应用视图过滤器

在浏览器窗口，切换至"三维"视图，键盘输入 VV 打开"可见性/图形替换"对话框，如图 8-1-17 所示。切换至"过滤器选项卡"，单击左下角"添加"按钮，在弹出的"添加过滤器"对话框中选择"外墙"和"内墙"两个过滤器，单击"确定"按钮，退出"添加过滤器"对话框。

在"可见性/图形替换"对话框设置"外墙"过滤器中的截面填充图案颜色为"蓝色"，填充图案为"实体填充"，透明度为"70％"，如图 8-1-18 所示。将"内墙"过滤器中的截面填充图案颜色设置为"黄色"，填充图案为"实体填充"，单击"确定"按钮退出。注意观察模型内外墙体显示已与"可见性/图形替换"过滤器设置的一致，过滤器应用三维效果如图 8-1-19 所示。

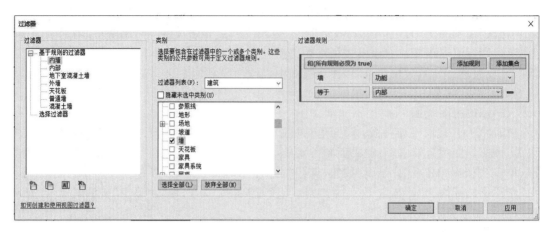

图 8-1-16　过滤器设置

图 8-1-17　线样式设置

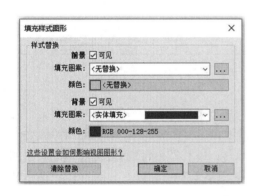

图 8-1-18　填充样式设置

图 8-1-19　过滤器应用三维效果

8.1.4　视图样板

　　使用"可见性/图形替换"工具设置对象类别可见性及视图替换显示只对当前视图起作用,而使用视图样板功能可将创建好的视图显示特性快速应用到其他同类型视图,在处理大量施工图纸时,无疑将大大提高工作效率。

　　Revit 提供了"三维视图、漫游""天花板平面""楼层结构、面积平面""渲染、绘图视图"和

"立面、剖面、详图视图"等多类不同显示类型的视图样板,在使用视图样板时,应根据不同的视图类型选择合适的视图样板。

(1)创建视图样板

切换至 1F 楼层平面视图,在"视图"选项卡单击"视图样板"工具,在下拉列表中选择"从当前视图创建样板",如图 8-1-20 所示。在弹出的"新视图样板"对话框中输入"别墅-平面视图样板"作为视图样板名称,完成后单击"确定"按钮,退出"新视图样板"对话框。同时弹出"视图样板"对话框,在名称列表中列出当前项目中该显示类型所有可用的视图样板。在对话框"视图属性"板块中列出了多个与视图属性相关的参数,比如"视图比例""详细程度"等,且这些参数继承了"1F"楼层平面中的设置。在当前视图创建了视图样板后,可以在其他平面视图中使用此视图样板,达到快速设置视图显示样式的目的。单击"视图样板"对话框中的"确定"按钮,完成视图样板设置。

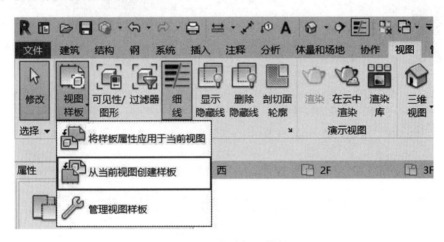

图 8-1-20　创建视图样板

(2)应用视图样板

切换至 3F 楼层平面视图,该视图仍然显示"基线"视图以及参照平面、立面视图符号、剖面视图符号等对象类别,在 3F 视图名称上点击鼠标右键,选择"应用样板属性"选项,弹出"应用视图样板"对话框,如图 8-1-21 所示。在名称列表下拉滑块中选择"别墅-平面视图样板",单击"确定"按钮退出选择框。注意观察 3F 楼层平面视图继承了 1F 楼层平面视图的显示特性。

提示

　　应用视图样板后,属性面板中基线的设置无法再继承,必须手动调整基线,以确保视图中显示正确的图元。在有视图样板的情况下 VV 视图可见性不可调节。

图 8-1-21　应用视图样板

8.2　复制视图

◇ 知识引导

　　在建筑施工图设计中,按图纸表达的内容不同可分为平面图、立面图、剖面图和大样详图等,当完成项目视图相关显示设置后,需要在视图中添加尺寸标注、文字、高程点、符号等注释信息,进一步完成施工图设计中需要的注释内容。

　　在添加注释信息前先复制模型视图,使之成为独立的视图副本,在此视图副本中添加注释等信息,以及对视图显示状态进行调整将不会影响模型原视图。本节将结合别墅项目,详述如何进行视图复制。

基础知识点:

复制视图的方法,三种复制模式的区别

基本技能点:

能完成项目所需出图的视图复制操作

8.2.1　复制视图模式

用户可通过"视图"选项卡下的"复制视图"工具或在浏览器窗口需要复制的视图名称上点击鼠标右键,通过快捷菜单启动视图复制功能,具体操作过程如下。

① 在"视图"选项卡下的"创建面板"中单击"复制视图"工具,打开如图 8-2-1 所示的下拉列表,列表中包含"复制视图""带细节复制""复制作为相关"三种模式,选择所需视图复制模式。

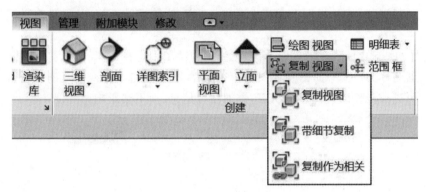

图 8-2-1　创建视图样板

② 在所需复制视图上单击鼠标右键,即可调出复制视图菜单,如图 8-2-2 所示。使用"复制视图"功能,可以复制任何视图生成新的视图副本,各视图副本可以单独设置可见性、过滤器、视图范围等属性,下面对复制视图的三个选项进行说明。

图 8-2-2　复制视图

a. 复制:采用该方式复制的新视图中将仅复制项目模型图元。视图专有图元如注释、尺寸标注和详图等不会复制到新视图中。

b. 带细节复制:采用该复制模式将把模型几何图元和详图几何图元都复制到新视图中。复制项目模型图元同时复制当前视图中所有的二维注释图元等,但生成的视图副本将作为独立视图,在原视图中添加尺寸标注等注释信息时不会影响副本视图,反之亦然。

c. 复制作为相关:采用该模式生成的视图副本与原视图实时关联,"复制作为相关"的视图副本中将实时显示主视图中的任何修改,包括添加二维注释信息,此模式在对较大尺度的建筑进行视图拆分时非常高效。

8.2.2　实操实练——复制视图

在创建图纸前,需要将准备出图的视图在原模型视图基础上创建视图副本,再进行注释等相关信息的完善,使之满足施工图制图规范。下面以别墅项目 1F 平面视图复制为例,说明视图复制的过程。

① 切换视图至 1F 层平面视图,右键在下拉列表中选择"复制视图"项的"带细节复制"模式,将在项目浏览器 1F 视图下方产生名称为"1F 副本 1"的新视图,软件自动跳转到该副本视图。

② 选择"1F 副本 1",点击鼠标右键,在弹出的菜单中选择"重命名",打开"重命名视图"窗口,输入新名称为"F1 平面图",如图 8-2-3 所示,这样就完成了视图复制。新视图将作为独立视图,可进一步修改视图显示状态,添加注释信息,而不会影响原视图。

图 8-2-3　重命名视图

③ 参照以上步骤,完成其他所需出图的视图副本复制。

8.3　绘制建筑平面施工图

◇ 知识引导

复制模型视图后开始进行出图视图的修改,使之符合施工图制图规范。本节主要讲解如何创建平面视图,以及在平面视图中添加尺寸标注、高程点,添加房间标注,使用遮罩区域和隐藏视图不需要的图元的方法。

基础知识点:

创建平面视图、平面图尺寸标注、房间标注、遮罩区域、视图可见性设置

基本技能点:

能根据平面施工图所需图纸表达内容创建平面施工图

8.3.1　创建平面视图

可以创建的二维平面视图有多种,如结构平面、楼层平面、天花板投影平面、平面区域或面积平面。平面视图在绘制标高时将自动创建标高名称对应的视图,也可以在完成标高的创建后手动添加相关平面视图。

(1)自动创建平面视图

切换至立面视图,单击"建筑"选项卡→"基准"面板→"标高"工具,绘制一根标高线即生成了标高对应的视图。默认情况下,一个标高对应生成天花板平面、楼层平面和结构平面三个平面视图,若想单独生成标高对应的某一类视图,可单击"修改|放置标高"上下文选项卡中的"平面视图类型"按钮,如图 8-3-1 所示。在打开的"平面视图类型"对话框中,选择平面视图类型,如"楼层平面",如图 8-3-2 所示,将只会生成标高对应的楼层平面视图。

图 8-3-1　平面视图类型

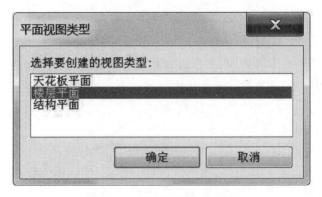

图 8-3-2　选择平面视图类型

(2)手动创建平面视图

若标高是采用复制的方式绘制的,将不会再生成对应的平面视图,或是修改了"平面视图类型"对话框默认的创建类型,需要生成对应的视图时,可切换至"视图"选项卡,在"创建"面板中单击"平面视图"工具,如图 8-3-3 所示。在弹出的下拉列表中选择需要生成的平面视图类型,将打开"新建楼层平面"窗口,选择所需生成的楼层即可,如图 8-3-4 所示。

8.3.2　实操实练——绘制建筑平面施工图

在平面视图中需要通过尺寸标注表达构件大小位置,通常在外墙的外围需要标注三道尺寸线,分别表示建筑的长宽总尺寸、轴网尺寸、门窗洞口等细部尺寸,在建筑内部同样需要标注各构件图元的细部尺寸,此外还应标注楼板、室内外标高,排水坡度等信息。

为满足不同规范下施工图的设计要求需要,在尺寸标注前需设置尺寸标注类型属性,下面以别墅项目为例,介绍在视图中添加尺寸标注的操作方法。

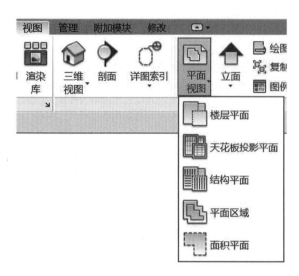

图 8-3-3　选择生成平面视图　　　　　　　图 8-3-4　选择所需生成平面

1. 尺寸标注

（1）启动命令

切换至 1F 楼层平面视图，确认视图控制栏中该视图比例为 1∶100。调整视图中各方向的轴线长度并对齐，在轴线与外墙边线间留出尺寸标注所需的空间，单击快捷访问工具栏"对齐尺寸标注"按钮，单击"属性"面板中的"编辑类型"按钮，打开"类型属性窗口"。

（2）创建标注类型修改图形类型参数

单击"复制"按钮，新建名称为"别墅-尺寸标注样式"的新类型，在"类型属性"窗口中，确认"线宽"代号为"1"，即细线；设置"记号线宽"为 4，即尺寸界线两端斜短线显示为粗线；确认"尺寸界线控制点"为"固定尺寸标注线"；设置"尺寸界线长度"为 8 mm；默认"尺寸界线延伸"为"2 mm"，即尺寸界线长度为固定的 8 mm，且延伸 2 mm；确认"颜色"为"黑色"；确认"尺寸标注线捕捉距离"为 8 mm，其他参数如图 8-3-5 所示。

（3）修改文字类型参数

在文字参数分组中，确认"宽度系数"值为 0.7，设置"文字大小"为 3 mm，该值为打印后图纸上标注尺寸的文字高度；设置"文字字体"为"仿宋"；确认"单位格式"参数为"1235 [mm]"，即使用与项目单位相同的标注单位显示尺寸长度值，如图 8-3-6 所示。完成后单击"确定"按钮，完成尺寸标注类型参数设置。

> **提示**
>
> 尺寸标注中"线宽"代号取自"线宽"设置对话框"注释线宽"选项卡中设置的线宽值。
>
> 勾选"显示洞口高度"则表示门、窗等带有洞口的图元对象将在尺寸标注线下方显示该图元的洞口高度。

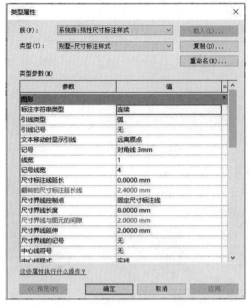

图 8-3-5　尺寸标注类型属性

图 8-3-6　尺寸标注文字属性

（4）标注尺寸

确认选项栏中的尺寸标注,默认捕捉墙位置为"参照核心层表面",尺寸标注"拾取"方式为"单个参照点"。依次从别墅北向 1 轴左侧外墙面拾取至 5 轴右侧外墙面,将在所拾取点之间生成尺寸标注预览,拾取完成后,向上方移动鼠标指针到合适位置,单击视图任意空白处完成第一道尺寸标注线。继续使用"对齐尺寸"标注工具,依次拾取 1～5 轴线,拾取完成后移动尺寸标注预览至上一步创建的尺寸标注线下方;稍微上下移动鼠标指针,当距已有尺寸标注距离为尺寸标注类型参数中设置的"尺寸标注线捕捉距离"时,将会出现磁吸尺寸标注虚线预览,如图 8-3-7 所示,在该位置单击放置第二道尺寸标注。单击"修改|放置尺寸标注"上下文选项卡,如图 8-3-8 所示,拾取方式选择"整个墙",单击"选项"按钮,打开"自动尺寸标注选项"窗口,如图 8-3-9 所示,在窗口中勾选"洞口""宽度""相加轴网",单击

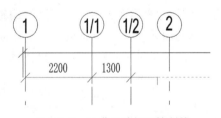

图 8-3-7　二道尺寸间距控制线

"确定"按钮返回视图绘制区,单击选择 F 轴墙体,向上移动鼠标出现蓝色磁吸虚线时单击左键,创建第三道尺寸线,完成后按 Esc 键两次,退出放置尺寸标注状态。三道尺寸标注结果如图 8-3-10 所示。

图 8-3-8　"修改|放置尺寸标注"上下文选项卡

（5）调整尺寸文字位置

按照制图要求,注释信息不能与图线重叠,选择 1 轴左侧外墙厚度尺寸标注的文字"80",

图 8-3-9　自动尺寸标注选项设置

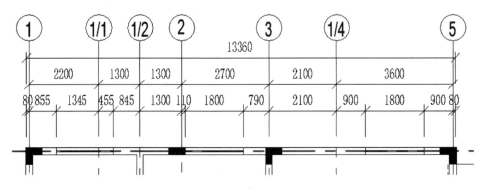

图 8-3-10　三道尺寸标注结果

在"修改|尺寸标注"上下文选项卡中将"引线"勾选取消,如图 8-3-11 所示,单击文字下方小圆点,往左拖拽文字至尺寸界线外,完成尺寸文字位置的调整,如图 8-3-12 所示。选择"尺寸标注",在"尺寸界线面板中"将会显示"编辑尺寸界线"工具,如图 8-3-13 所示,通过该工具,可以拾取新的图元线,添加新的连续的尺寸标注。注意图元的位置与标注的尺寸是相关联的,选择图元修改位置时尺寸标注数值也会同步修改。1F 平面图标注结果如图 8-3-14 所示。

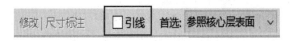

图 8-3-11　取消"引线"勾选

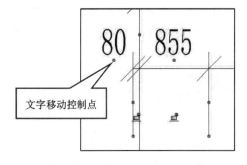

图 8-3-12　调整尺寸标注文字位置

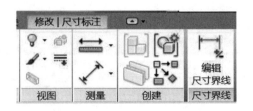

图 8-3-13　编辑尺寸界限

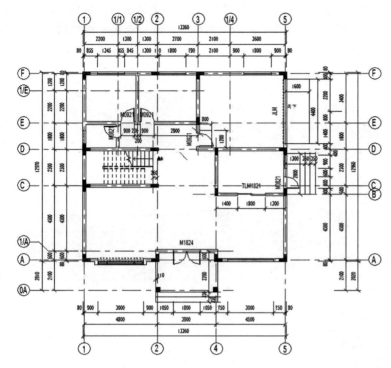

图 8-3-14　1F 平面图尺寸标注

房间标注

2. 房间标注

① 在"建筑"选项卡的"房间和面积"面板中,选择"房间分隔"工具,如图 8-3-15 所示,在绘图区放大入口房间区域,绘制三条房间分隔线,如图 8-3-16 所示。

图 8-3-15　"房间分隔"工具

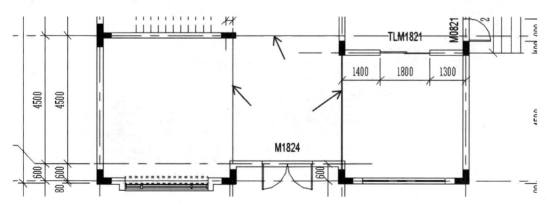

图 8-3-16　房间分隔线位置示意图

② 在"建筑"选项卡"房间和面积"面板中,选择"在放置时进行标记"工具,如图 8-3-17

所示。在"属性"面板下拉列表中,选择标记类型为"标记_房间-无面积-施工-仿宋-3 mm-0-80",如图 8-3-18 所示,移动鼠标至绘图区,单击墙体或墙体分隔线围合的平面区域将放置房间及房间标记,如图 8-3-19 所示。

图 8-3-17　启用"在放置时进行标记"

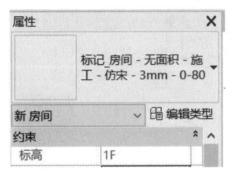

图 8-3-18　选择房间标记类型

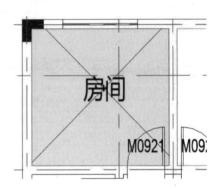

图 8-3-19　房间及房间标记

选择"房间"文字,单击鼠标进入文字编辑状态,将所有标记为"房间"的文字按设计功能名称进行修改,按 Enter 键确认,还可以选择房间标记移动文字至平面合适位置。修改结果如图 8-3-20 所示。

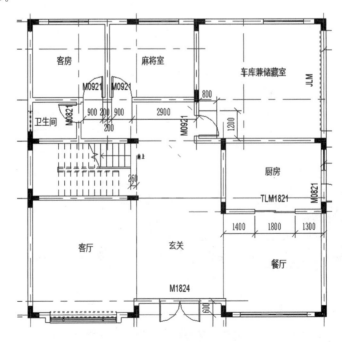

图 8-3-20　房间标记完成示意图

3. 遮罩区域

对于平面图中不需要显示的图元,可以采用视图控制的方法对其进行隐藏,对于楼梯这样的图元需要在 1F 进行图元的部分隐藏,可以采用"遮罩区域"工具来实现,具体操作方法如下。

① 如图 8-3-21 所示,单击"注释"选项卡的"区域"工具,在列表中选择"遮罩区域"。

② 在"直线"绘制模式下,绘制如图 8-3-22 所示的遮罩区域轮廓,注意使折断符号在轮廓线以外,在空白处单击即可将遮罩区域楼梯图元隐藏。

图 8-3-21　启动"遮罩区域"工具

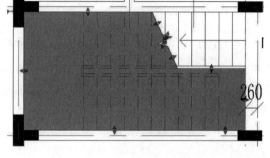

图 8-3-22　绘制遮罩区域轮廓

4. 放置高程点

① 单击"注释"选项卡下"尺寸标注"面板中的"高程点"工具 ，在"车库兼储藏室"房间选择位置单击鼠标,确定高程点。

② 在"属性"面板选择"正负零高程点(项目)"类型,采用相同的方法在楼梯间附近放置正负零高程点注释,结果如图 8-3-23 所示。

图 8-3-23　放置高程点

> **提示**
>
> 　　高程点只能在有楼板的图元上放置,在立面视图和平面视图中都可放置,在平面视图可以自动识别楼板高程。注意,高程点不可手动修改标高的数值。

5. 放置指北针

在"注释"选项卡的"符号"面板中,单击"符号" 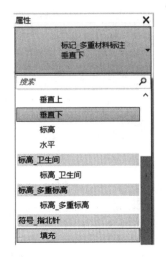工具,在"属性"面板中选择"符号_指北针"下的"填充"样式,如图 8-3-24 所示,在图纸视图左上角空白位置单击放置指北针符号,按 Esc 键退出,绘制完成结果如图 8-3-25 所示。

1F 平面图完成结果如图 8-3-26 所示。参照 1F 平面图的绘制方法,完成 2F 平面图的绘制,完成结果如图 8-3-27 所示。

图 8-3-24　选择指北针类型

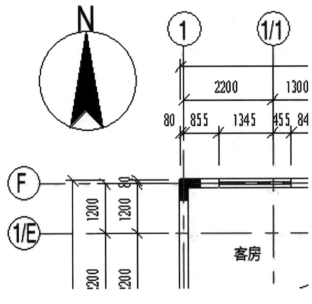

图 8-3-25　指北针绘制完成结果

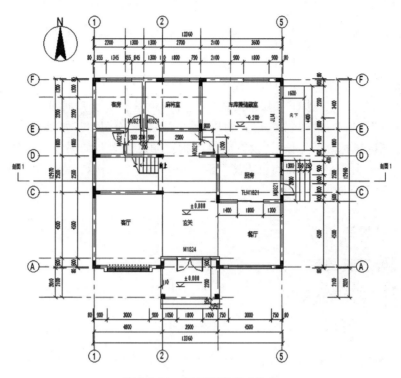

图 8-3-26　1F 平面图完成结果

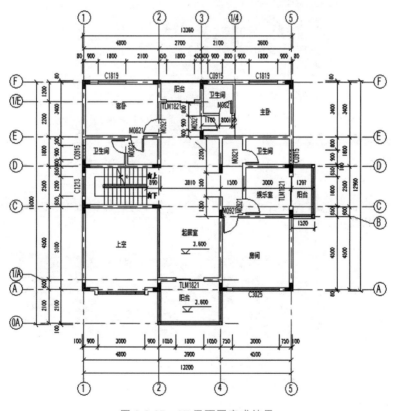

图 8-3-27　2F 平面图完成结果

8.3.3 房间图例

添加房间后,可以在视图中添加房间图例,并采用颜色块等方式,更清晰地表现房间的范围、分布等。下面为别墅项目添加房间图例。

房间图例

① 在项目浏览器中复制 1F 楼层平面视图,重命名视图名称为"房间图例"。

② 在"注释"选项卡的"颜色填充"面板中,单击"颜色填充图例",如图 8-3-28 所示,在绘图区鼠标附件将显示"没有向视图指定颜色方案",如图 8-3-29 所示。在该文字上单击打开"选择空间类型和颜色方案"窗口,如图 8-3-30 所示。将空间类型设置为"房间",单击"确定"按钮退出。

图 8-3-28　启动"颜色填充图例"　　　　　　　　图 8-3-29　颜色方案图例

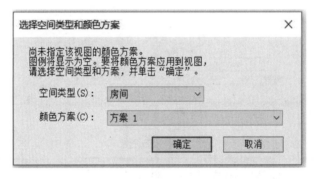

图 8-3-30　"选择空间类型和颜色方案"窗口

③ 单击"未指定颜色",在"修改|颜色填充图例"下选择"编辑方案"工具,如图 8-3-31 所示,打开"编辑颜色方案"窗口。

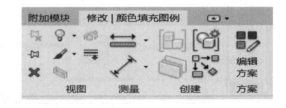

图 8-3-31　"编辑方案"工具

④ 修改"标题"为"房间图例",选择"颜色"为"名称",即按房间名称定义颜色,弹出"不保留颜色"窗口,单击"确定"按钮,完成颜色方案设置,如图 8-3-32 所示。

图 8-3-32　"编辑颜色方案"窗口

⑤ 单击颜色图例,通过调整圆点和三角形来调整图例的排布样式,如图 8-3-33 所示。

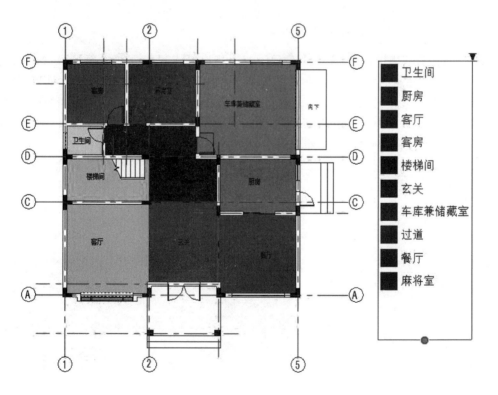

图 8-3-33　房间图例视图

8.4 绘制建筑立面施工图

在立面施工图中需要表达建筑立面形态,标注立面上楼层和洞口的标高,高度方向门窗安装位置及立面造型等详细的尺寸,以及对外立面材质进行文字的注写,对立面轮廓进行加粗显示等,本节将重点介绍立面创建和修改的方法,以及如何加粗立面轮廓线和调整标高线显示。

基础知识点:

创建立面视图、修改立面视图、立面轮廓线调整、标高线样式创建

基本技能点:

能根据立面施工图所需图纸表达内容创建立面施工图

8.4.1 创建立面视图

打开 Revit 默认样板,项目文件中显示了四个指南针点提供外部立面视图,如图 8-4-1 所示,用户如需创建新的立面视图,可单击“视图”选项卡下“创建”面板中的“立面”工具,在平面视图中适当位置单击放置指南针点可以创建面向模型几何图形的其他立面视图。放置指南针点时可以按 Tab 键来切换箭头的方向。删除指南针点会弹出警告窗口,如图 8-4-2 所示,单击“确定”按钮,则项目浏览器中对应名称的立面视图也将删除。

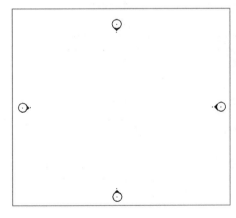

图 8-4-1 立面符号

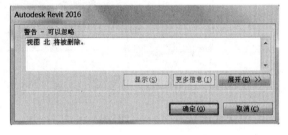

图 8-4-2 视图删除警告

> **提示**
>
> 　　只能在平面视图放置立面指南针符号,在放置时可通过按 Tab 键切换箭
> 头方向。

8.4.2　修改立面视图

单击指南针圆心,立面视图相关符号显示如图 8-4-3 所示,通过勾选小方框可以设置生成立面视图的方向,通过单击旋转按钮移动鼠标可以旋转立面视图使之与斜向图元对齐。

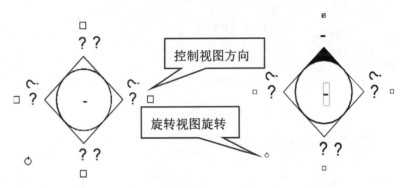

图 8-4-3　修改立面符号

单击指南针黑色三角形,将显示如图 8-4-4 所示的立面视图符号,通过标注视图深度范围拖拽点可控制立面视图可见的深度,通过视图宽度范围拖拽点来控制立面视图可见的宽度,用户可通过在平面视图调节拖拽点的位置观察立面视图图元显示范围的变化。

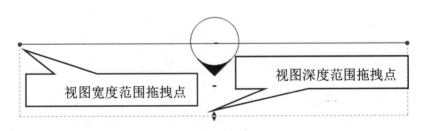

图 8-4-4　立面符号拖拽点含义

8.4.3　实操实练——绘制立面施工图

别墅项目绘制
建筑立面图

① 打开南立面视图,在属性面板中勾选"裁剪视图"和"裁剪区域可见",在绘图区选择并调整裁剪框底部线对齐室外地坪线,使得全部模型显示完整同时室外地坪下部分不可见,如图 8-4-5 所示。

② 切换至"修改"选项卡,单击"线处理" ▦ 工具,设置类型为"宽线",如图 8-4-6 所示。然后单击快捷访问工具栏细线按钮 ▧ ,在南立面视图中依次选择别墅立面轮廓线,完成立面轮廓调整,按 Esc 键退出线处理模式,取消勾选"属性"面板中的"裁剪区域可见",立面轮廓调整结果如图 8-4-7 所示。

图 8-4-5　裁剪框设置范围

图 8-4-6　线处理工具

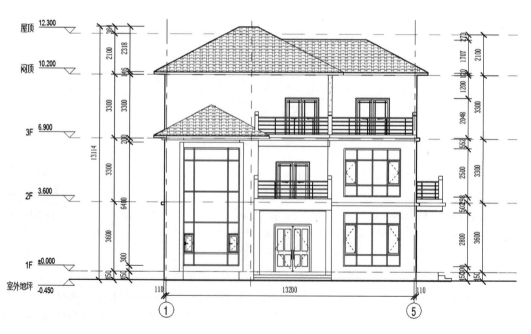

图 8-4-7　立面轮廓线宽调整结果

③ 沿右侧标注立面标高,三道尺寸线其中第一道标注窗洞口高度、楼板厚度及其他细部尺寸;第二道标注层高;第三道标注室内外高差以及建筑立面总高度。

④ 选择并隐藏立面中间部分轴线,保留两端轴线并延长底部长度,单击快捷访问工具栏对齐尺寸标注按钮 ,设置"修改 | 放置尺寸"上下文选项卡为"参照墙面","属性"面板选择当前尺寸标注类型为"别墅-尺寸标注样式",依次单击标注外墙面层至轴线以及轴线之间的距离,如图 8-4-7 所示。

⑤ 在"注释"选项卡中选择"高程点" **◆ 高程点** 工具,设置当前类型为"立面空心";在各层窗底、楼板、雨棚等部位标注标高并调整标高位置。

⑥ 修改标高线显示状态。按制图标准,立面标高线只在两端或一端显示,因此需要调整标高线中间部分为隐藏状态。打开"管理"选项卡,在设置面板中单击"其他设置",在弹开的下拉列表中选择"线型图案"工具 |线型图案|,在打开的"线型图案"窗口中单击"新建"按钮,如图 8-4-8 所示。设置名称为"标高—隐藏中段",设置划线为 1 mm,空间为 200 mm,如图 8-4-9 所示,单击"确定"按钮返回"线型图案"对话框,此时可见新建的样式,单击"确定"按钮退出该窗口。在立面视图中选择 2F 层标高线,点击"属性"面板中的"编辑类型"按钮,在打开的"类型属性"窗口中将线型图案设置为"标高—隐藏中段",如图 8-4-10 所示,此时可见立面视图中标高线将隐藏中间部分线段。

图 8-4-8　新建线型图案

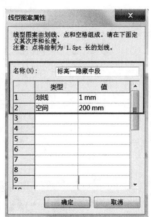

图 8-4-9　线型图案属性设置

图 8-4-10　修改标高类型属性

⑦ 绘制立面细部。立面图上通常要体现分层位置,对于分层线和其他需要补充绘制的二维线,可以采用"注释"选项卡"详图"面板中的"详图线" |详图线| 工具来绘制,此处补充绘制了 2F 标高对应的分层线,完成效果如图 8-4-11 所示。

⑧ 标注文字。在立面图上标注材质等文字信息可在"注释"选项卡"文字"面板中单击"文字" |A 文字| 工具,在"类型属性"窗口中,单击"复制"按钮,设置新文字类型名称为"仿宋_3.5 mm",如图 8-4-12 所示,设置文字大小为"3.0000 mm",文字字体为"仿宋"。在"修改 | 放置文字"上下文关联选项卡中,修改引线标注方式为"二段引线",文字对齐方式为"左上引线",如图 8-4-13 所示,标注外墙材质文字结果如图 8-4-14 所示。

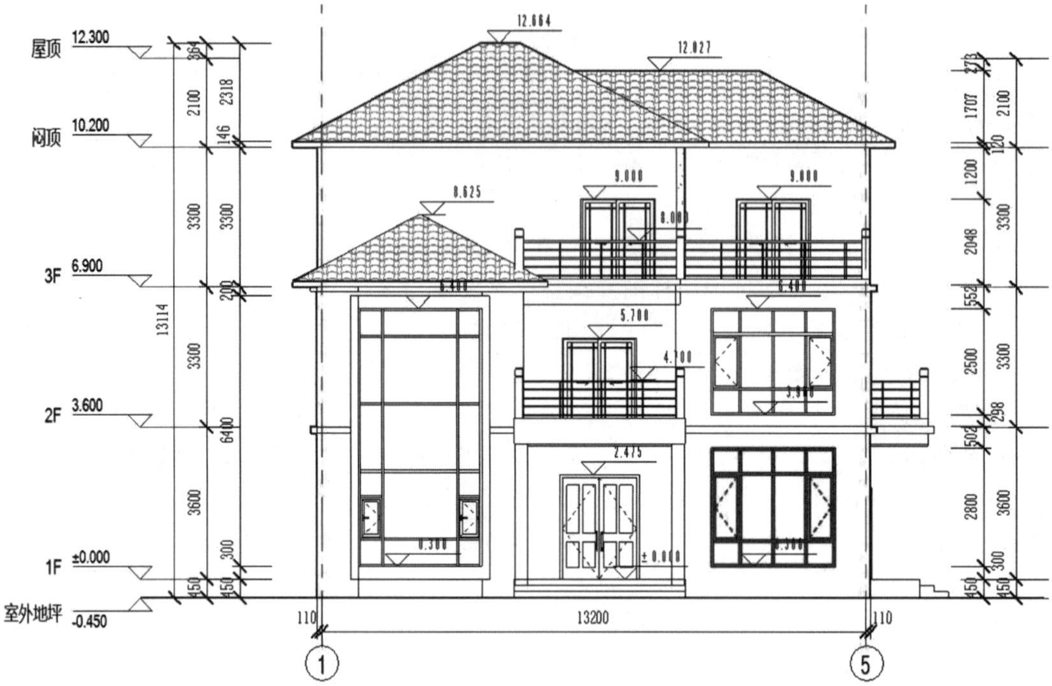

图 8-4-11　高程点和标高设置完成效果

图 8-4-12　修改文字类型属性

图 8-4-13　设置文字对齐方式

提示

　　使用视图控制栏"隐藏图元"工具隐藏的图元为临时隐藏,在确定导出 CAD 图前要选择"将隐藏/隔离应用到视图",避免导出图纸时因操作失误引起重复隐藏工作。

图 8-4-14　南立面施工图

8.5　绘制建筑剖面施工图

◇ 知识引导

　　剖面图用以表达建筑内部的结构或构造方式,如屋面(楼、地面)形式、分层情况、材料、做法、高度尺寸以及各部位的联系等。本节将通过别墅项目介绍剖面视图产生的详细流程,例如如何创建剖面视图,以及如何调整图元线和截面填充的显示状态等具体操作方法。

基础知识点:

创建剖面视图、材质表面和截面填充样式修改、尺寸标注文字替代

基本技能点:

能根据剖面图所需图示内容掌握剖面视图的创建

8.5.1　创建剖面视图

通过"剖面"工具剖切模型，可生成相应的剖面视图，在平面、立面、剖面、详图视图中均可绘制剖面视图。

【操作步骤】

① 在"视图"选项卡的"创建"面板中单击"剖面"工具，适当放大视图，在 4、6 轴中间空白处单击左键作为剖面线起点，从上往下移动鼠标至 4、5 轴轴头空白处单击，完成剖切线的绘制。选择剖切线，会显示很多特殊符号，如图 8-5-1 所示，各符号代表的含义与立面视图符号类似。

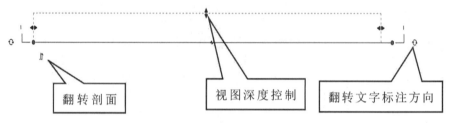

图 8-5-1　剖面符号

由于剖切从上往下，剖切视图方向从左向右，如果希望从右往左显示视图方向，应选择剖面线，单击"翻转剖面"符号 ⇆ ，翻转视图方向，通过拖动三角形 ◆ 符号，调节虚线位置，可控制剖面视图显示的深度和范围，单击 ↻ 符号，可调节剖面名称放置的方向。

② 用户还可以根据需要创建转折的剖切线，灵活控制剖面视图显示的图元，选择剖切线，点击"剖面"面板中的"拆分线段"工具，鼠标随即变成"✐"形状，在剖切线上需要转折剖切的位置单击鼠标左键，拖动鼠标到所需位置，单击鼠标完成剖面绘制，同时，显示"剖面图造型操纵柄"及视图范围"拖拽"符号，如图 8-5-2 所示。

图 8-5-2　转折剖切符号示意

可以精确修改剖切位置及视图范围，生成视图名称为"剖面 1"的剖面视图，完成后按 Esc 键两次，退出剖面绘制模式。双击"剖面符号"蓝色标头 ⌐ 或者在项目浏览器中双击"剖面 1"视图名称，将进入剖面 1 视图。

8.5.2　实操实练——绘制剖面施工图

建筑结构复杂部位如楼梯间通常需要用剖面视图来表达，与立面视图类似，需要在剖面视图中添加尺寸标注、标高、文字等注释信息。下面以别墅项目剖面 1 为例，说明完成剖面施工的方法。

① 创建剖面。切换至 1F 楼层平面视图，在"视图"选项卡的"创建"面板

别墅项目绘制
建筑剖面图

中单击"剖面"工具,放大楼梯间位置,在 C、D 轴之间从左往右绘制剖切线,如图 8-5-3 所示。

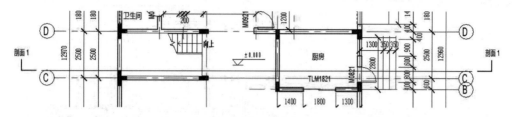

图 8-5-3　平面图剖面线位置

② 双击"剖面 1"文字转到"剖面 1"视图,如图 8-5-4 所示。

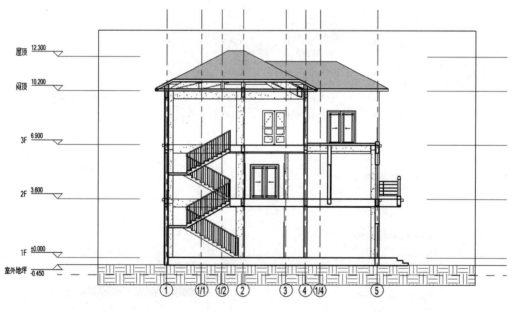

图 8-5-4　剖面 1 视图

　　③ 调整裁剪框底部与室外地坪对齐,隐藏剖面视图中 1～5 轴中间轴线、裁剪区域、闷顶层内斜梁等不需要显示的图元;调整 1 轴和 5 轴的顶部端点至 1F 标高处,如图 8-5-5 所示。

　　④ 调整混凝土梁和柱材质表面填充。

　　如图 8-5-6 所示,选择混凝土梁,单击"属性"面板结构材质后的"浏览器"按钮,打开"材质浏览器"窗口,如图 8-5-7 所示,选择表面填充图案为"无",以相同的方法修改柱材质。

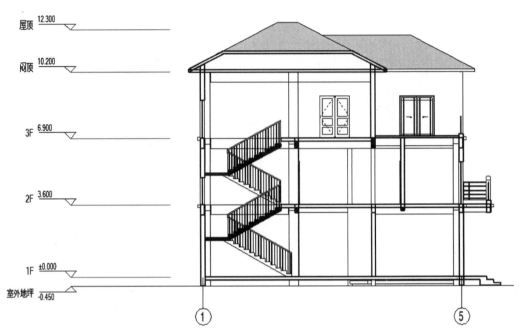

图 8-5-5　隐藏图元和调整轴线后效果

图 8-5-6　混凝土梁属性

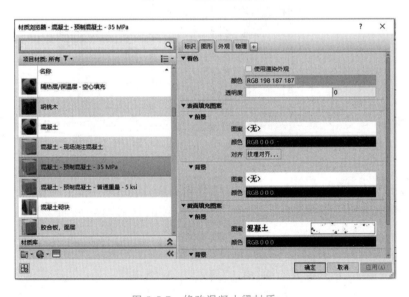

图 8-5-7　修改混凝土梁材质

⑤ 键盘输入"VV",打开"图形可见性"对话框,如图 8-5-8 所示,选择"屋顶",单击"截面"下的"填充图案",打开"填充样式图形"窗口,将前景填充图案设置为"实体填充",将颜色设置为"黑色",单击"确定"按钮退出,以相同的方法完成楼板的截面填充设置。

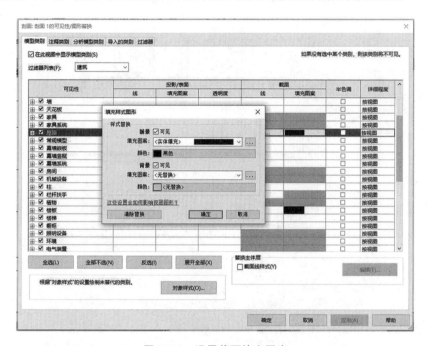

图 8-5-8 设置截面填充图案

⑥ 单击"注释"选项卡"详图"面板,选择"区域"下拉列表中的"填充区域"工具,在属性面板中单击"编辑类型"按钮,打开"类型属性"窗口,复制新类型并命名为"实体填充",如图 8-5-9 所示。点击"前景填充样式"后的选择框,打开"填充样式"窗口,选择"实体填充",如图 8-5-10 所示。在绘图区借助"详图线"工具和"填充区域"工具补充完善所需填充的图元。完成效果如图 8-5-11 所示。

图 8-5-9 类型属性窗口

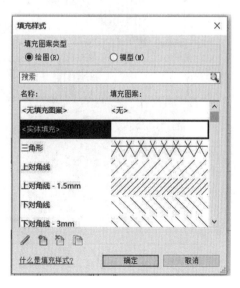

图 8-5-10 选择填充样式

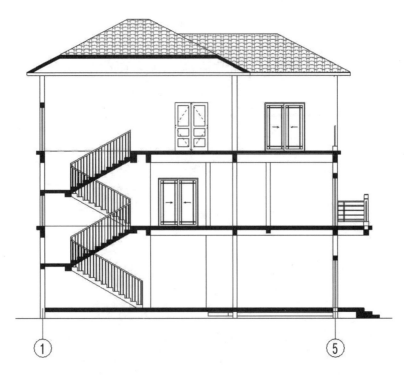

图 8-5-11　完成填充后的效果

⑦ 修改不需要显示的图线,在楼梯间位置的标高线不需要显示,单击选择墙体,如图 8-5-12 所示。在"修改|线处理"面板中单击"线处理"工具,选择"线样式"为"〈不可见线〉",选择墙体轮廓线,如图 8-5-13 所示,注意当上下墙体轮廓线重合时,需要多次单击选择同一轮廓线,此处单击了两次隐藏墙体轮廓线,使之不可见。

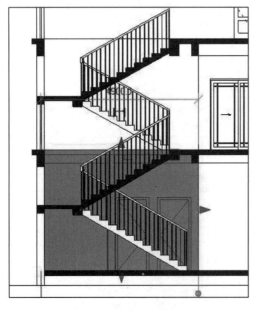

图 8-5-12　选择墙体

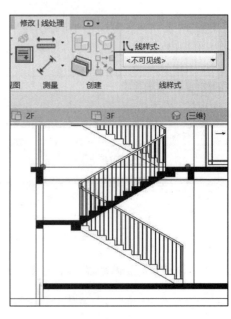

图 8-5-13　修改墙体轮廓线样

⑧ 标注尺寸。使用"对齐"尺寸标注工具,确认当前尺寸标注样式为"别墅-尺寸标注样式",参照立面标注的方法,完成剖面标注,标注完成效果如图 8-5-14 所示。

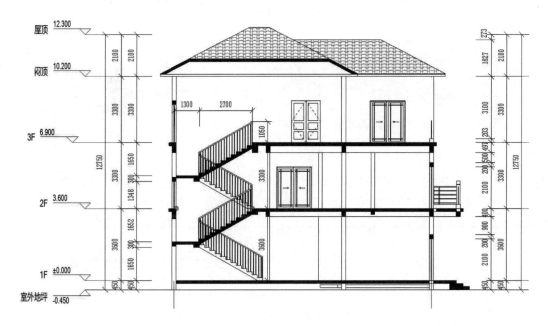

图 8-5-14   尺寸标注完成效果

⑨ 选择 1F 楼梯标注尺寸,单击文字标注"3600",打开"尺寸标注文字"窗口,在"前缀(P)"输入框输入"150×24＝",如图 8-5-15 所示,也可以以文字替换的方式输入"1500×24＝3600",如图 8-5-16 所示,同样可以实现尺寸文字的修改。

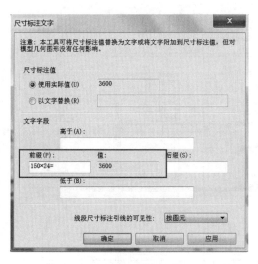

图 8-5-15   修改尺寸标注文字前缀   图 8-5-16   尺寸标注以文字替代

⑩ 使用"高程点"工具,选择高程点类型为"立面空心",拾取楼梯休息平台顶面位置,添加楼梯平台标高,采用相同的方法添加其他部位的标高。

⑪ 采用"注释"选项卡下的"详图线"工具,如图 8-5-17 所示,在"属性"面板中修改线样式为"宽线",如图 8-5-18 所示。沿着 1F 标高以及台阶和室外地坪绘制详图线,如图 8-5-19 所示。

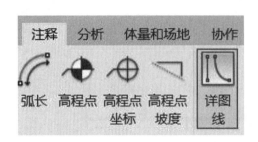

图 8-5-17　启动"详图线"命令

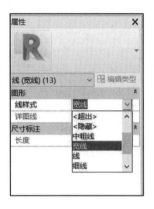

图 8-5-18　修改详图线样式

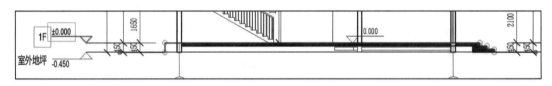

图 8-5-19　绘制详图线位置

⑫ 选择"注释"选项卡的"填充区域"工具,绘制填充轮廓,调整"裁剪框"底部至填充区域轮廓下边线不可见,随之隐藏裁剪框,剖面图完成效果如图 8-5-20 所示。

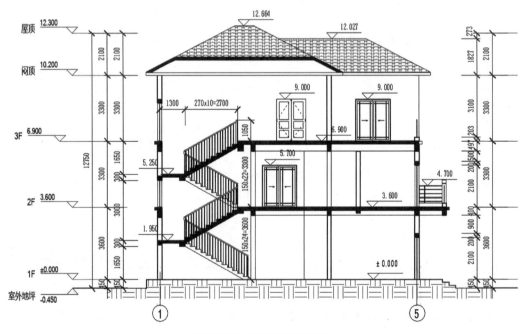

图 8-5-20　剖面图完成效果

8.6　创建详图

Revit 通过创建详图来表达建筑细部构造,详图视图在其他视图中显示为详图索引或模型视图。可以在平面视图、立面视图或剖面视图创建详图索引,然后使用模型几何图形作为基础,添加详图构件。本节通过别墅项目主要介绍如何在平面视图中创建楼梯间详图和如何创建空白绘图视图导入 CAD 绘制的 DWG 文件来创建详图。

基础知识点:

详图索引、详图线、可见性设置、绘制视图、导入 CAD

基本技能点:

掌握通过"详图索引"工具创建详图视图的方法,并能根据施工图制图规范修改图元显示状态并添加相关注释信息

掌握使用"绘制视图"工具创建空白视图,通过"导入 CAD"工具导入 DWG 文件来快速创建详图的方法

8.6.1　创建详图功能介绍

1. 创建详图索引

通过"详图索引"工具可以在视图中创建矩形详图索引,详图索引可以隔离模型几何图形特定部分,参照详图索引允许在项目中多次参照同一个视图。

选择"视图"选项卡中"创建"面板下的"详图索引",如图 8-6-1 所示。详图索引绘制方式包括矩形和草图两种,采用矩形绘制模式只能绘制矩形的详图索引,而采用草图绘制模式可以绘制形状更为灵活复杂的详图索引。

2. "参照"面板中选项栏功能

① 参照其他视图:不自动创建详图,而是使用已有的其他视图,如导入的 DWG 文件。

② 新绘制视图:不自动创建详图,而是创建空白的视图,如图 8-6-2 所示。

图 8-6-1　启动详图索引命令

图 8-6-2　参照面板功能

8.6.2　实操实练——创建详图施工图

别墅项目
绘制建筑详图

① 切换到 1F 楼层平面视图，单击"视图"选项卡中的"创建"面板，单击选择"详图索引"下拉菜单中的"矩形"绘制模式。

② 在绘图区域中放大楼梯间位置，绘制矩形详图框，如图 8-6-3 所示。选中索引框，可根据边线上的圆点来调整详图边框的大小，以此确定详图的大小和范围。

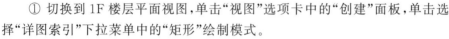
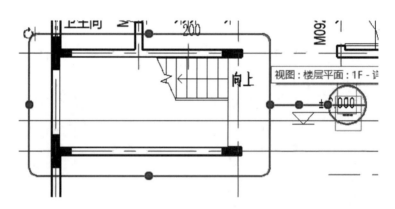

图 8-6-3　索引框可调整状态

③ 双击详图符号圆圈或单击选中详图框，右击鼠标，在弹出的菜单中选择"转到视图"，将打开新创建楼梯的详图视图，如图 8-6-4 所示。

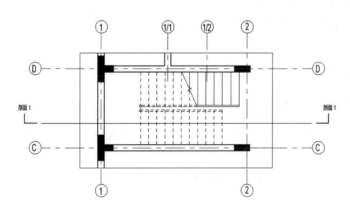

图 8-6-4　详图视图

图 8-6-5　设置详图属性

④ 如图 8-6-5 所示,在"属性"面板的"范围"选项栏中将"裁剪区域可见"取消勾选,在"标识数据"栏下将"视图名称"修改为"楼梯间大样图",隐藏"剖面 1"符号。

⑤ 键盘输入 VV,打开"可见性/图形替换"窗口,在"模型类别"选项下,展开楼梯子类别,将"〈高于〉"选项全部取消勾选,效果如图 8-6-6、图 8-6-7 所示。

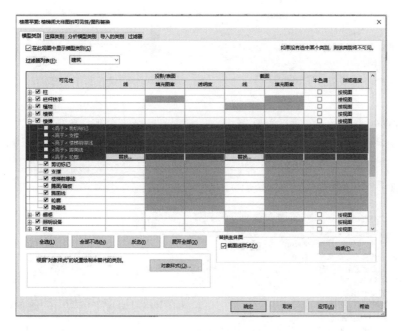

图 8-6-6 "可见性/图形替换"窗口

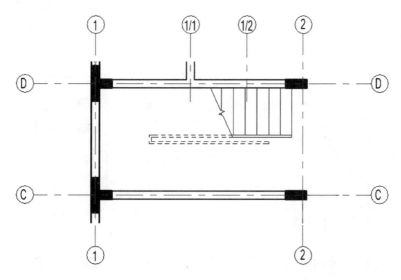

图 8-6-7 设置楼梯剖面以上图元不可见效果

⑥ 选择高于剖切面的呈虚线显示的扶手线,如图 8-6-8 所示,在"修改|线处理"面板下选择"线处理"工具 ，设置"线样式"为"〈不可见线〉"。在绘图区依次选择扶手线,虚线将不再显示,效果如图 8-6-9 所示。

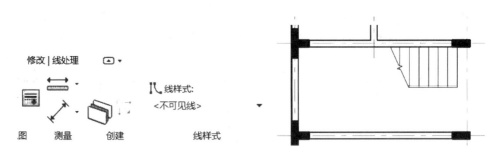

图 8-6-8 设置扶手线样式   图 8-6-9 设置扶手线样式不可见后效果

⑦ 如图 8-6-10 所示,在项目浏览器中,选择"族"目录下的"注释符号",选择"符号剖断线",鼠标左键按住"符号剖断线"名称依次拖动至绘图区 1 轴上下两端、1/1 轴上端适当位置,修改"属性"面板中的"虚线长度"为"5.0",如图 8-6-11 所示。调整裁剪框与剖断线对齐,修改比例为 1∶25,效果如图 8-6-12 所示。

图 8-6-10 选择"符号剖断线"   图 8-6-11 设置符号剖断线属性

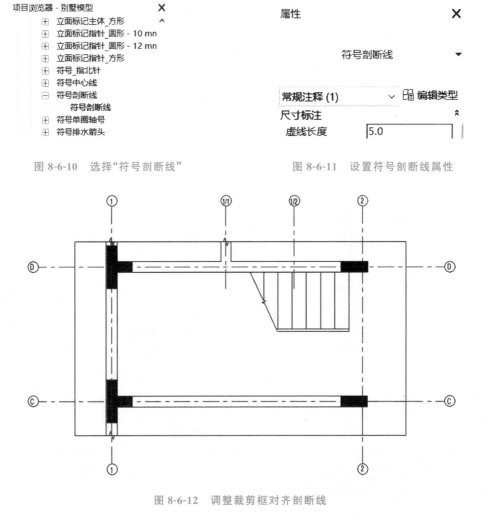

图 8-6-12 调整裁剪框对齐剖断线

⑧ 调整轴线的位置,将不需要显示的轴线进行隐藏。对详图进行进一步的处理,包括使用高程点、文字和尺寸标注工具对楼梯大样图添加必要的注释信息,结果如图 8-6-13 所示。

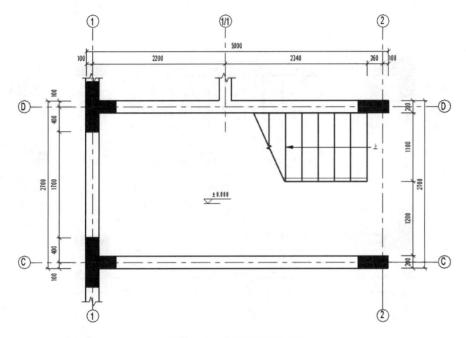

图 8-6-13 一层楼梯平面图

⑨ 按照上述步骤对二、三层楼梯间大样图进行创建,创建结果如图 8-6-14、图 8-6-15 所示。

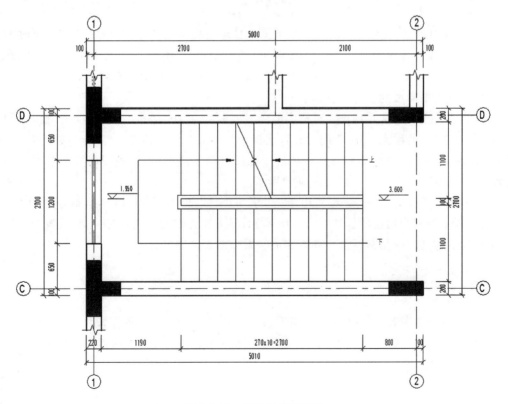

图 8-6-14 二层楼梯平面图

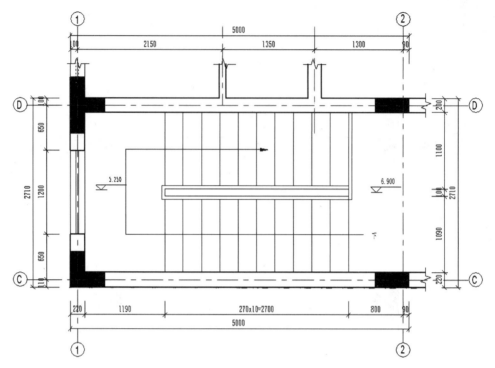

8-6-15　三层楼梯平面图

8.6.3　创建绘图视图

在 Revit 中可以创建空白视图,在该视图中显示与模型不关联的详图,使用二维细节工具按照不同的视图比例绘制二维详图或采用导入 CAD 图纸方式,导入 CAD 绘制好的 DWG 文件来创建详图。导入 DWG 文件的方式可以确保最大限度利用已有的 DWG 详图和大样资源,加快施工图阶段的设计进程。

① 单击"视图"选项卡"创建"面板中的"绘图视图"工具,打开"新绘图视图"窗口,如图 8-6-16 所示,输入名称为"门窗详图",设置比例为"1∶50",完成后单击"确定"按钮退出。软件自动跳转到一个空白视图界面。在项目浏览器目录下展开"绘图视图(详图)",可见新建的名称为"门窗详图"的详图,如图 8-6-17 所示。

② 在"插入"选项卡"导入"面板中单击"导入 CAD"工具,将用 CAD 绘制好的 DWG 格式的门窗详图导入当前视图。如图 8-6-18 所示,导入文件时颜色选择"黑白",设置导入单位为"毫米",其他选项采用默认值。导入完成结果如图 8-6-19 所示。

> 提示
>
> 　软件会按照原 DWG 文件图形内容大小显示导入的 DWG 文件,视图比例会影响导入图形的线宽显示,而不会影响 DWG 图形中尺寸标注、文字等注释信息的大小。

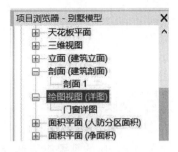

图 8-6-16　输入新绘图视图名称

图 8-6-17　新建的绘图视图

图 8-6-18　导入文件设置

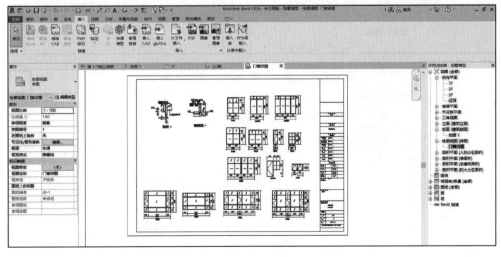

图 8-6-19　导入结果

8.7 创建明细表

明细表是 Revit 的重要组成部分，通过定制明细表，可以从所创建的 Revit 模型中获取所需要的各类项目信息，通过表格的形式直观表达，以便于指导现场的材料采购、算量结算等工作。本小节将重点介绍明细表的创建方法和不同项目中传递明细表设置数据的方法。

基础知识点：

明细表创建、明细表属性、重复使用明细表

基本技能点：

能创建不同材料统计明细表，掌握明细表样本在不同项目间调用的操作方法

8.7.1 创建门明细表

在项目浏览器中的"明细表/数量"目录下已包含门明细表类型，用户可以在该类型基础上修改门明细表列表要显示的内容，也可以根据需要创建新的门明细表。下面以别墅项目门明细表的创建为例，介绍明细表创建的方法。

别墅项目
明细表创建

① 在"视图"选项卡"创建"面板中单击"明细表"工具，在下拉列表中选择 明细表/数量 按钮，打开"新建明细表"窗口。如图 8-7-1 所示，在"新建明细表"窗口"类别"列表中选择"门"，设置名称为"别墅-门明细表"，单击"确定"按钮打开"明细表属性"窗口。

图 8-7-1 新建明细表

②　在"明细表属性"窗口"字段"选项下依次双击选择"类型""宽度""高度""合计""说明"字段,可通过"上移""下移"按钮调整字段的顺序,如图 8-7-2 所示,明细表字段从上往下排列的顺序将与明细表视图中表头内容从左往右排列的顺序一致。

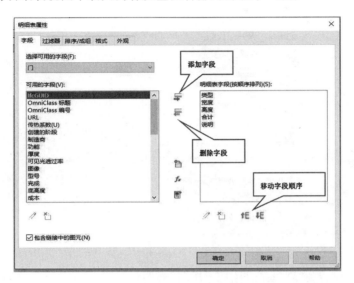

图 8-7-2　添加明细表字段

③　切换至"排序/成组"选项卡,设置排序方式为"类型",排序顺序为"升序";不勾选"逐项列举每个实例"选项,如图 8-7-3 所示,即在明细表中将同类型的门汇总显示。

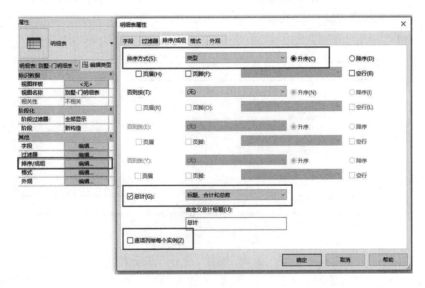

图 8-7-3　"排序/成组"选项设置

④　切换至"格式"选项卡,选择"字段"列表框中的所有字段,设置标题方向为"水平",对齐为"中心线",单击"确定"退出。

⑤　切换至"外观"选项卡,如图 8-7-4 所示,设置"图形"栏中网格线为"细线",轮廓为"中粗线",不勾选"数据前的空行";在"文字"栏下勾选"显示标题"和"显示页眉",设置"标题文本""标题""正文"均为"仿宋_3.5 mm",单击"确定"按钮完成明细表属性设置。

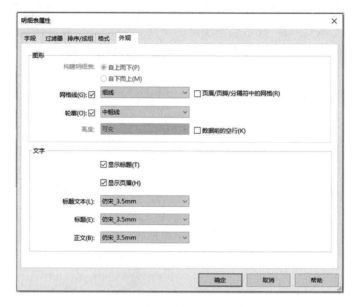

图 8-7-4 "外观"选项设置

⑥ 软件自动跳转到"别墅-门明细表"视图,视图显示已按指定的字段创建了门明细表,在明细表视图中进一步调整列宽,选择"宽度"和"高度"列,鼠标右键点击弹出的下拉菜单,选择"使页眉成组",将在"宽度"和"高度"上方产生新的标题单元格,在新的单元格中输入"洞口尺寸",如图 8-7-5 所示。此外单击表头各单元格,可根据需要修改表头名称。

〈别墅-门明细表〉			
A	**B**	**C**	**D**
	洞口尺寸		
类型	宽度	高度	合计
JLM	4400	3100	1
M0821	800	2100	7
M0921	900	2100	10
M1521	1500	2100	1
M1824	1800	2400	1
TLM1821	1800	2100	6

图 8-7-5 使页眉成组完成效果

⑦ 单击"属性"面板"字段"后的"编辑"按钮,打开"明细表属性"窗口,单击"计算值"按钮将打开"计算值"窗口,如图 8-7-6 所示,设置名称为"洞口面积",设置"类型"为"面积",单击"公式"后的按钮,打开"字段"窗口,选择"宽度"和"高度"字段,使之在"公式"输入框中形成"宽 * 高度",单击"确定"按钮返回"明细表属性"对话框,可见在明细表字段(按排列顺序)列表中显示了新创建的字段。

⑧ 如图 8-7-7 所示,在"别墅-门明细表"视图中,明细表增加了"洞口面积"列,同时根据各类型门的宽度和高度的乘积计算了洞口的面积。

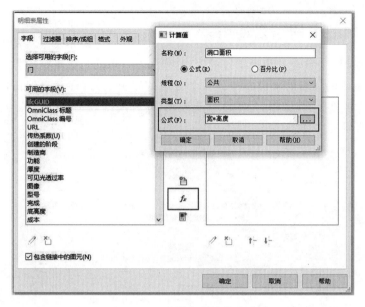

图 8-7-6　设置字段计算公式

> **提示**
>
> 用"明细表/数量"工具生成的明细表与项目模型是相互关联的,删除明细表中某一类型的门或窗将同步删除模型中的图元,需谨慎操作。利用明细表视图修改项目中模型图元的参数信息,在修改大量具有相同参数值的图元时可提高效率。

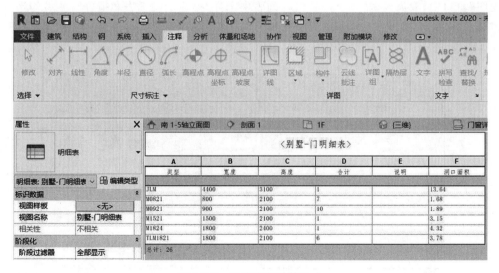

A	B	C	D	E	F
类型	宽度	高度	合计	说明	洞口面积
JLM	4400	3100	1		13.64
M0821	800	2100	7		1.68
M0921	900	2100	10		1.89
M1521	1500	2100	1		3.15
M1824	1800	2400	1		4.32
TLM1821	1800	2100	6		3.78

总计: 26

图 8-7-7　设置字段计算公式

8.7.2　明细表的重复使用

若想在其他项目中重复使用设置好的明细表样式,可以通过以下两种方法实现。

① 可以将做好明细表的项目保存为一个常规的样板文件(注意只保留明细表设置,其他信息剔除),其他项目可以以此为基础创建模型,这样明细表中已完成的设置就继承了下来,如图8-7-8所示。

图 8-7-8　保存明细表样板

② 在两个项目间进行明细表数据的传递,例如 B 项目需要 A 项目明细表数据,如图8-7-9所示,可以使用"插入"选项卡"导入"面板中"从文件插入"下拉列表的"插入文件中的视图"工具。在弹出的"打开"窗口中找到项目 A 并打开,如图8-7-10所示,在弹出的"插入视图"窗口中,取消勾选"预览选择",在列表中选择"仅显示明细表和报告",然后勾选 B 项目需要的明细表,新导入的明细表默认显示在项目浏览器的"明细表/数量"目录下,如图8-7-11所示。

图 8-7-9　"插入文件中的视图"工具

图 8-7-10　插入视图

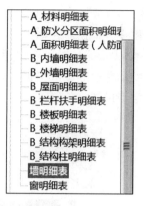

图 8-7-11　导入明细表视图列

8.8　创建与导出图纸

◇ 知识引导

　　完成 Revit 三维模型后，将各平面、立面、剖面、详图视图创建完成并标注尺寸、文字等各类注释信息，生成明细表后，可将创建的一个或多个视图组织在图纸视图中，形成最终的图纸。DWG 格式的图纸是目前使用较多的格式，也是设计单位不同专业间协调设计、指导现场施工的依据。本节将重点介绍如何将创建的出图视图添加到图纸中并导出为 DWG 格式的文件。

基础知识点：

标题栏、图纸中添加视图、修改图纸标题、导出 CAD 图层设置、修改文件大小

基本技能点：

掌握将创建的视图添加到图纸中并完成图纸布置和图纸标题修改的方法

掌握将 Revit 图纸导出为 DWG 格式的文件，并减少 Revit 项目文件大小的方法

8.8.1 图纸的创建与布置

1. 创建图纸视图

① 在"视图"选项卡"图纸组合"面板中单击"图纸"工具,打开"新建图纸"窗口,如图 8-8-1 所示,在"选择标题栏"列表框下,可以选择带有标题栏的图幅大小。用户可根据需要选择 A0 公制或 A2 公制等图幅,此项目选择的是自行创建的 A3 标题栏族。若没有所需尺寸的标题栏,用户也可以根据需求创建个性化的标题栏族载入当前项目,在该窗口列表中将显示载入进来的新公制标题栏类型供选择使用。

别墅项目图纸
创建与导出

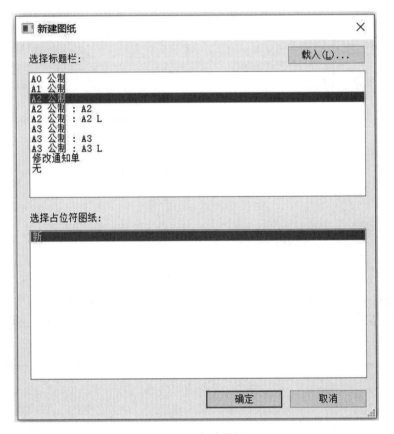

图 8-8-1　新建图纸

选择"无"将创建不带标题栏的图纸。单击"确定"按钮退出,软件自动跳转到"新建图纸视图"中,在项目浏览器中,图纸目录下产生名称为"J0-1-未命名"的新图纸视图,如图 8-8-2 所示。

② 修改图纸编号和名称。

在"J0-1-未命名"图纸名称上点击鼠标右键,将弹开"图纸标题"窗口,如图 8-8-3 所示,修改名称为"一层平面图",单击"确定"按钮即完成图纸的创建。图纸的规范命名有助于日后对图纸的管理和出图工作。

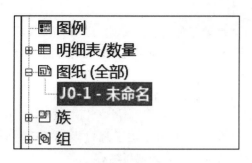

图 8-8-2 修改图纸编号和名称

图 8-8-3 "图纸标题"窗口

2. 在图纸中添加视图

（1）图纸视图的添加

切换视图至"J0-1-一层平面图"，在"视图"选项卡"图纸组合"面板中，单击"视图"工具，打开"视图"窗口，列表中显示了当前项目中所有可用视图，如图 8-8-4 所示，选择"楼层平面：F1 层平面图"，单击"在图纸中添加视图"按钮，在绘图区中将出现 F1 楼层平面视图范围预览框，移动鼠标使预览框位于图框内合适位置单击放置该视图。

图 8-8-4 选择并添加图纸视图

提示

在图纸中布置视图时，也可通过直接按住鼠标左键拖拽创建的视图，如"F2 层平面图"至图纸中进行添加。

（2）修改视口大小

单击视口框，在"属性"面板中勾选"裁剪视图""裁剪区域可见"，单击"应用"按钮，可见视口框大小与裁剪区域大小相关联，在楼层平面视图"F1 层平面图"中调整裁剪框至合适大小。

3.修改图纸标题

在图纸中放置的视图称为"视口"，软件自动在视口左下角添加了视口标题"1F 平面图"，如图 8-8-5 所示，软件默认将所添加视图的视图名称命名为该视口名称。

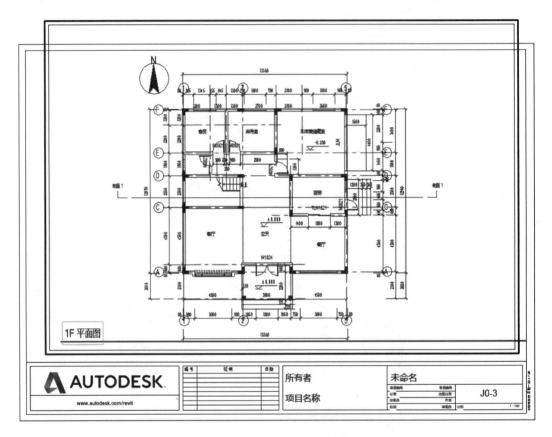

图 8-8-5　在图纸中添加视图效果

切换至"插入"选项卡，单击"载入族"工具，选择创建的"别墅-视图标题"族载入当前项目中，视图标题族创建的过程鉴于篇幅，在此不再赘述。

单击视口框，在"属性"面板中单击"编辑类型"，在打开的"类型属性"对话框中，单击"复制"按钮，创建名称为"别墅-视图标题"的新类型，将"标题"族类型选择"别墅-视图标题"，不勾选"显示延伸线"选项，单击"确定"按钮退出。如图 8-8-6 所示，此时可见视图标题以进行修改，选择修改好的视口标题拖动到图纸下方居中位置，在"属性"面板中，在"图纸上的标题"后的文本框中输入"一层平面图"，如图 8-8-7 所示。视图标题修改效果如图 8-8-8 所示，从而完成一层平面图创建和布置，如图 8-8-9 所示。

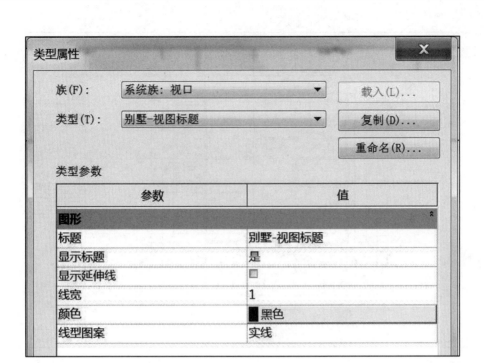

图 8-8-6 设置图纸标题属性

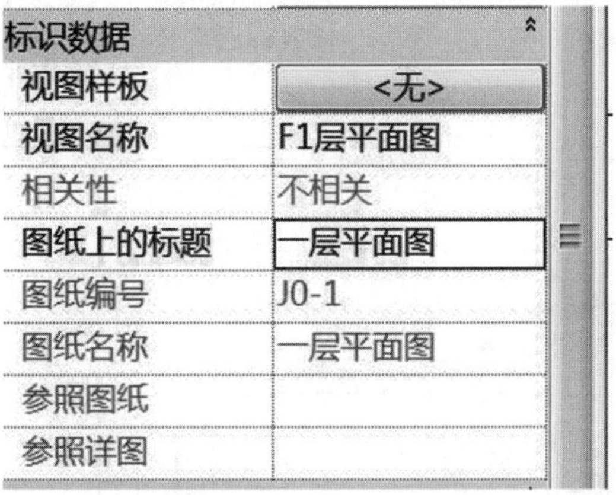

图 8-8-7 修改图纸标题

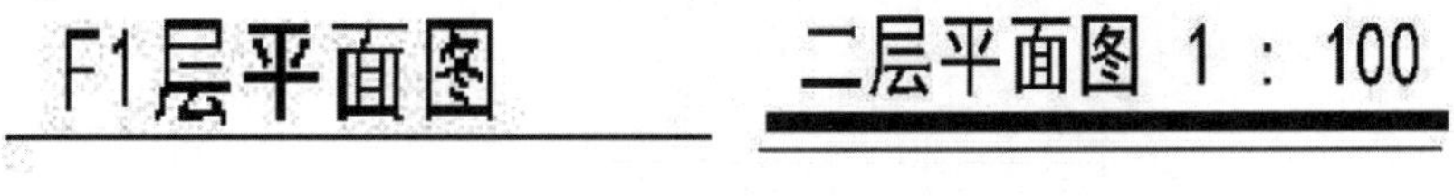

图 8-8-8 视图标题修改前后比较样式

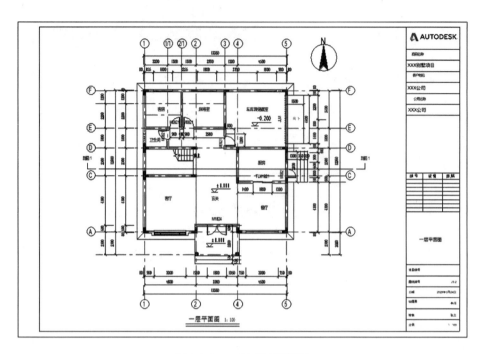

图 8-8-9　一层平面图图纸

4. 拓展与思考

参照一层平面图创建和布置的方法同时修改标题名称,完成二层平面图的图纸,完成结果如图 8-8-10 所示。

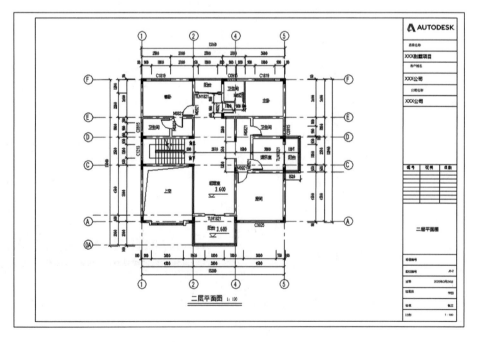

图 8-8-10　二层平面图图纸

8.8.2　导出图纸

1. 导出 CAD 设置

在 Revit 中完成所有的图纸布置之后,还需要将所生成的文件导出为 DWG、DXF 等 CAD 数据文件,以供其他专业设计人员使用。虽然 Revit 不支持图层的概念,但可以设置各构件对象导出 DWG 时对应的图层,以方便在 CAD 中的运用。

下面以最常用的 DWG 数据为例来介绍如何将 Revit 数据转换为 DWG 数据。

在导出 DWG 文件前,需对 Revit 和 DWG 之间的映射格式进行设置,因为 Revit 是使用构件类别对图形进行管理,而 CAD 是采用图层方式管理图形,因此需要对 Revit 构件类别与 CAD 图层进行映射的设置。

① 修改 DWG 文件导出设置,单击"应用程序菜单"按钮,如图 8-8-11 所示,在列表中选择"导出"→"CAD 格式"→"DWG",打开"DWG 导出"窗口,在窗口中单击"选择导出设置"选项下的 ▦ 按钮,打开"修改 DWG/DXF 导出设置"对话框,如图 8-8-12 所示,该对话框中可以分别对 Revit 模型导出为 CAD 时的图层、线形、填充图案、字体、CAD 版本等进行设置。

图 8-8-11　导出 DWG 文件

图 8-8-12　修改 DWG/DXF 导出设置

在"层"选项卡列表中,指定各类对象类别及其子类别的投影和截面图形在导出 DWG/DXF 文件时对应的图层名称及线型颜色 ID。进行图层配置有两种方法:一是根据要求逐个手动修改图层的名称、线颜色等;二是通过加载图层映射标准进行批量修改。

② 单击"根据标准加载图层"下拉列表按钮,软件中提供了四种国际图层映射标准,以及从外部加载图层映射标准文件的方式。选择"从以下文件加载设置",在弹出的对话框中选择保存的以 txt 文件格式的配置文件,然后退出选择文件对话框。

> **提示**
>
> 定义完图层后可以单击窗口左下角的"新建导出设置按钮" ▦,将设置好的图层映射关系保存为独立的配置文本文件,将在"选择导出设置"列表中显示,如"设置 1",如图 8-8-13 所示,方便后期选择调用。

③ 切换至"填充图案"选项卡,打开填充图案映射列表。默认情况下 Revit 中的填充图案在导出为 DWG 时选择的是"自动生成填充图案",即保持 Revit 中的填充样式方法不变,但是如混凝土、钢筋混凝土这些填充图案在导出为 DWG 后,会出现无法被 AutoCAD 识别为内部填充图案,从而造成无法对图案进行编辑的情况。要避免这种情况可以单击填充图案对应的下拉列表,选择合适的 AutoCAD 内部填充样式,如图 8-8-13 所示。

图 8-8-13 "填充图案"设置

④ 用户可根据需要继续在"修改 DWG/DXF 导出设置"话框中对需要导出的线形、颜色、字体等进行映射配置,设置方法和填充图案的类似,请自行尝试。

2. 导出 DWG 文件

① 单击"应用程序菜单"按钮,在列表中选择"导出"→"CAD 格式"→"DWG",打开"DWG 导出"对话框,如图 8-8-14 所示,对话框左侧顶部的"选择导出设置"确认为"〈任务中的导出设置〉",即前几个步骤进行的设置,在对话框右侧"导出"中选择"〈任务中的视图/图纸集〉",在"按列表显示"中选择"模型中的图纸",即显示当前项目中的所有图纸,在列表中勾选要导出的图纸即可。双击图纸标题,可以在左侧预览视图中预览图纸内容。Revit 还可以使用打印设置时保存的"设置 1"快速选择图纸或视图。

② 完成后单击"下一步"按钮,打开"导出 CAD 格式"对话框,如图 8-8-15 所示,指定文件保存的位置、DWG 版本格式和命名的规则,单击"确定"按钮,即可将所选择图纸导出为 DWG 数据格式。如果希望导出的文件采用 AutoCAD 外部参照模式,请勾选对话框中的"将图纸上的视图和链接作为外部参照导出",此处设置为不勾选。

③ 如图 8-8-16 所示为导出后的 DWG 图纸列表,导出后会自动命名。

④ 如果使用"外部参照方式"的方式导出,Revit 除了将每个图纸视图导出为独立的与图纸视图同名的 DWG 文件外,还将单独导出与图纸视图相关的视口为独立的 DWG 文件,并以外部参照的方式链接至与图纸视图同名的 DWG 文件中。要查看 DWG 文件,仅需打开与图纸视图同名的 DWG 文件。

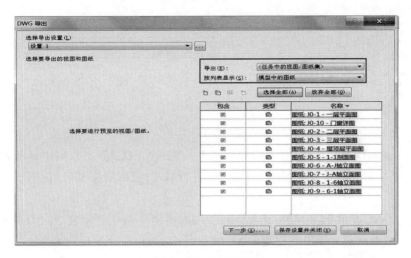

图 8-8-14　DWG 导出

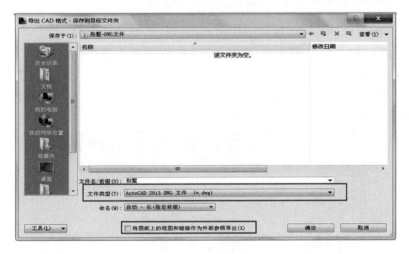

图 8-8-15　保存导出图纸

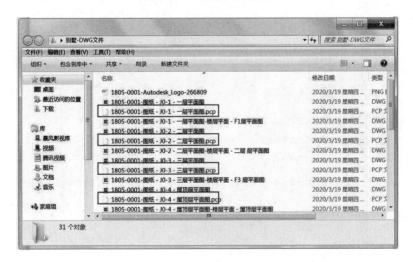

图 8-8-16　导出图纸显示

　　导出图纸时软件还会生成一个与所选择图纸、视图同名的 .pcp 文件。该文件用于记录导出 DWG 图纸的状态和图层转换的情况，使用记事本可以打开该文件。

　　⑤ 在 AutoCAD 中打开导出后的 DWG 文件，将在 AutoCAD 的布局中显示导出的图纸视图。此时，如果需要对导出的 CAD 图形文件进行修改，可以切换至 CAD 模型空间进行相应操作。

　　除导出为 CAD 格式的文件外，还可以将视图和模型分别导出为 2D 和 3D 的 DWF 文件格式，即 Web 图形格式。导出方法与 DWG 文件导出类似，在此不再赘述。

3. 减少项目文件大小

　　完成项目设计后，可以使用"清除未使用项"工具，清除项目中所有未使用的族和族类型，以减少项目文件的大小。在"管理"选项卡的"设置"面板中单击"清除未使用项"工具清除未使用项，打开"清除未使用项"对话框，如图 8-8-17 所示，在对象列表中，可根据需要勾选要从项目中清除的对象类型，默认情况下软件已将所有类型可清除的项全部选中，单击"确定"按钮，即可从项目中消除所有已选择的项目内容。

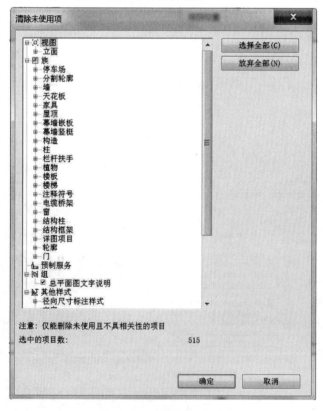

图 8-8-17　清除未使用项

打开项目文件夹,比较同一项目在"清除未使用项"前后两文件的大小差别,可以发现,使用"清除未使用项"清除无效信息后,文件大小减少了许多,这是因为该项操作从项目中移除了未使用的视图、族和其他对象。一般完成项目后,都应该进行"清除未使用项"操作。

8.9　真题实训

根据给定的项目参数、平面图及立面图信息,建立"小学教学楼"建筑模型,并以"小学教学楼"为文件名将模型保存到电脑。

具体要求如下。

1.设置项目信息。

发布日期为 2022 年 3 月 22 日,项目名称为小学教学楼。

2.布置墙、柱、楼板、屋面。

2.1　建立墙体类型,墙体均居中布置。

外墙参数:外墙 300 混凝土砌块,结构厚 300 mm,墙体材质选用"混凝土砌块"。

内墙参数:内墙 200 混凝土砌块,结构厚 200 mm,墙体材质选用"灰浆"。

女儿墙参数:女儿墙 100 混凝土,结构厚 100 mm,墙体材质选用"混凝土砌块"。

2.2　建立柱模型。

建筑柱-400×400,尺寸为 400×400,材质选用"混凝土"。

2.3　建立楼板和屋面模型。

楼板参数:"室内 140 砂浆",结构厚 140 mm,楼板材质选用"灰浆"。

屋面参数:"屋面 140 砂浆",结构厚 140 mm,屋面材质选用"灰浆"。

3.布置门窗。

按主、立面图纸要求,布置门窗,门窗位置需精确,参数如下。

门要求:规格为 1000 mm×2400 mm,命名为 M1024;规格为 1600 mm×3000 mm,命名为 M1630。

窗要求:规格为 3100 mm×2100 mm,命名为 C3121;规格为 1800 mm×2100 mm,命名为 C1821。

4.布置楼梯、栏杆扶手。

4.1　按照平面、详图要求布置楼梯,命名为"整体浇筑楼梯",梯板和休息平台厚度均为 120 mm,材质为"混凝土",楼梯梯面数为 24,梯面高度为 162.5 mm,踏板深度为 260 mm,梯段宽度为 1200 mm。

4.2　布置栏杆,规格及类型为 900 mm 圆管。

5.在三维模型中建立模型文字"小学教学楼",模型文字字体为黑体,颜色为红色,大小为 1000 mm,高度为屋顶标高,位置可自定义。

6.添加尺寸、创建门窗标记、高程注释。

6.1　尺寸参数:类型为对角线 3 mm RomanD、文字大小为 3 mm。

6.2　标记参数:类型为对角线 3 mm RomanD、文字大小为 3 mm。

6.3　高程注释参数:类型为三角形、文字大小为 3 mm。

7.场地的建立。

创建一个场地,要求场地边缘距外墙 6000 mm 以上距离。设置场地材质为"土壤"。

8.创建门、窗明细表:建立门、窗明细表,明细表应包含类型、类型标记、宽度、高度、标高、合计字段;按类型进行排序;对字段"合计"计算总数。

9.创建图纸:本题目要求创建 1 张图纸,并将二层平面图和南立面图添加到图纸中;图框类型:A1 公制。

学习单元9 族与体量

◇ **教学目标**

通过本单元的学习,掌握族和体量的概念和工作原理,能够按照规范要求进行准确的创建。创建模型时,遵守制图规范,遵循"由整体到局部"的原则,从整体出发,逐步细化,完善模型。

◇ **教学要求**

内容	能力目标	知识目标	素质目标
族	能够准确创建门族、窗族; 能够通过族平面显示样式的	了解族类型、族参数等概念; 熟悉族类型的创建; 掌握族参数的编辑; 掌握族创建的一般步骤和方法	培养细心的读图和绘图习惯;通过实践操作带动理论学习,培养主动学习钻研的习惯

内容	能力目标	知识目标	素质目标
体量	能区分概念体量和内建体量的区别； 能够熟练运用拉伸、融合、旋转、放样等命令进行概念体量的创建	了解体量的概念； 熟悉拉伸、融合、旋转、放样应用； 掌握概念体量的创建、体量表面有理化方法	通过对比，培养多样化思考的习惯；引导发现问题和提出新问题，培养创新思维能力

9.1　族

◇ 知识引导

本节主要讲解在 Revit 软件中创建自定义族的实际应用操作。族是 Revit 中一个非常重要的概念，通过参数化族的创建，可以像 AutoCAD 中的块一样，在工程设计中大量反复使用，以提高三维设计效率。在本节的学习过程中，首先要理解族的概念，再通过对族类型参数的定义和修改，创建新的族类型，并应用于实际项目。建族过程中应保证族的显示符合国家规范的要求。

基础知识点：

族的概念与运用，参照线与参照平面的概念，族的属性参数含义

基本技能点：

门族的创建；窗族的创建；窗族平面显示样式的修改

Revit2020 中的所有图元都是基于族的。使用者可以对"族"进行各种类型的定义，可以对"族"的每种类型参数进行定义和修改，比如尺寸、形状、材质等。Revit 中族的类型主要有三种：系统族、标准构件族和内建族。其中系统族是 Revit 中预定义的族，可以复制和修改现有系统族，但是不能创建新的系统族；标准构件族是在项目样板中载入的，一般存储在构件库中，可以在项目环境之外，也可以将它们载入项目，还可以从一个项目传递到另一个项目；内建族可以是项目中的模型构件，也可以是注释构件，它只能在当前项目中创建。

9.1.1　族的载入

在一个项目中，如果需要载入族，可以通过"插入"菜单→"从库中载入"选项板的"载入族"功能将其载入。如图 9-1-1 所示，项目中所有的族均在项目浏览器中按照构件类别分别

列出,可以在族下面根据需要进行添加、修改和删除。载入的族和项目会一起保存,运行项目文件时不需要原始族文件。

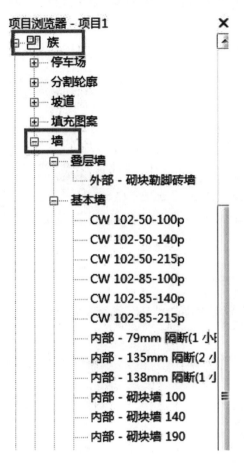

图 9-1-1 项目中的"族"

【执行方式】

功能区:"插入"选项卡→"从库中载入"面板→"载入族"。

快捷键:无(自定义)。

【操作步骤】

以载入"陶立克柱.rfa"为例,操作步骤如下。

① 打开"插入"菜单下的"从库中载入"选项板,如图 9-1-2 所示。

图 9-1-2 "载入族"面板

② 点击"载入族",弹出如图 9-1-3 所示的"China"族库。

图 9-1-3　Revit2020 族库

③ 如图 9-1-4 所示,点击"建筑"→"柱",找到需要载入的族"陶立克柱. rfa",选中后,点击"打开"。

图 9-1-4　载入"陶立克柱. rfa"族

④ 如图 9-1-5 所示,在项目浏览器的"族"选项下,可以对新添加的陶立克柱进行管理。

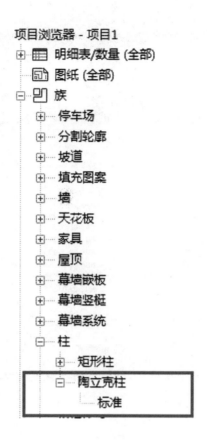

图 9-1-5　"陶立克柱"族

9.1.2　创建族

在项目中,除载入系统的构件族库外,当出现新的族类型时,可通过创建族来满足项目的要求,如果新的族类型与原有的族相似时,也可通过修改来满足要求。

【执行方式】

打开界面:"族"→"新建"。

【操作步骤】

① 在 Revit2020 的初始界面,点击"族"面板下的"新建",会弹出如图 9-1-6 所示的"新族-选择样板文件"对话框。

② 根据创建族的需要,选择合适的族样板,比如选择"公制窗. rft",点击"打开",进入族的编辑界面,如图 9-1-7 所示。

③ 点击"创建"菜单下属性面板中的"族类别和族参数"　,可以对新建族进行类别和参数的定义,如图 9-1-8 所示。

④ 点击"创建"菜单下属性面板中的"族类型"　,可以对新建族的构造、尺寸标注、分析属性、IFC 参数、其他以及添加的标签参数进行定义和修改,如图 9-1-9 所示。

⑤ 点击"文件"菜单下的"保存"按钮,将文件保存到指定位置。

图 9-1-6　选择族样板文件

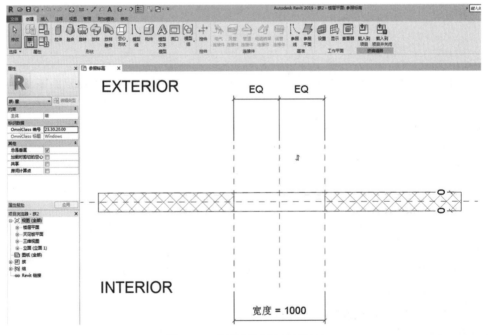

图 9-1-7　创建"公制窗族"界面

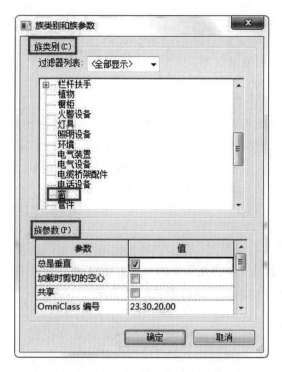

图 9-1-8　族类别和族参数对话框

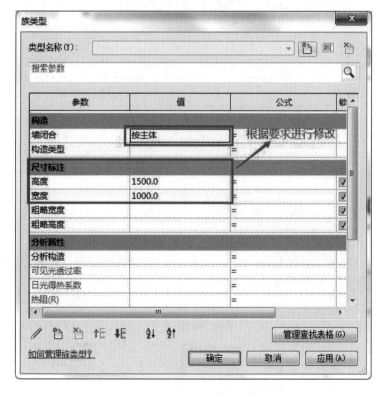

图 9-1-9　族类型对话框

9.1.3 基本命令

在创建构件族时,还需要掌握如下几个基本的概念和命令。

创建族基本命令

1. 参照线

创建参照线,该参照线可用来创建新的体量或者创建体量的约束。可以创建直参照线,直参照线提供四个可进行绘制的参照平面:一个平行于线本身的工作平面,一个垂直于该平面,另外线的端点处有两个附加平面。所有平面都经过该参照线。也可以创建弯曲的参照线,但弯曲参照线的端点处只定义了两个参照平面。

2. 参照平面(RP)

可以使用绘图工具来创建参照平面。在绘图区域中绘制一条线,以定义新的参照平面。如图 9-1-10 所示,参照线和参照平面的区别主要如下。

① 参照平面的范围是无穷大的,而参照线比参照平面多了两个端点,这是参照线特定的起点和终点。

② 参照线在三维中仍然可见,而参照平面在三维中则不可见。

③ 参照线的线型为实线,而参照平面的线型为虚线。

④ 一般用"参照平面"进行辅助定位(如设置工作平面)或者添加带标签的尺寸标注进行参数驱动,而"参照线"可以用来控制角度参变(例如可以用来控制腹杆桁架、带有门打开方向实例的门或弯头内的角度限制条件)。

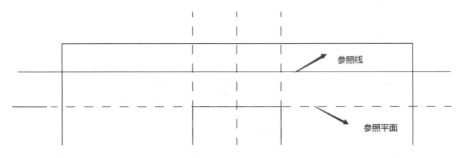

图 9-1-10　参照线和参照平面

3. 拉伸

拉伸用于通过拉伸二维形状(轮廓)来创建三维实心形状,绘制二维形状时,可将该形状用作起点和端点之间拉伸的三维形状的基础。

操作步骤如下。

① 点击"创建"菜单下"形状"面板里的"拉伸 　"。

② "修改|创建拉伸"界面如图 9-1-11 所示。

③ 绘制图形前,可根据需要在"工作平面"面板中点击"设置 　"来指定参照平面。点击设置后,如图 9-1-12(a)所示,勾选"拾取一个平面",点击"确定"后,在绘图区域拾取合适的工作平面,如图 9-1-12(b)所示,按照需要,选择合适的立面打开视图。

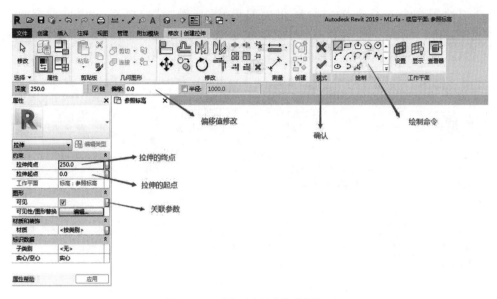

图 9-1-11　"修改|创建拉伸"界面

（a）

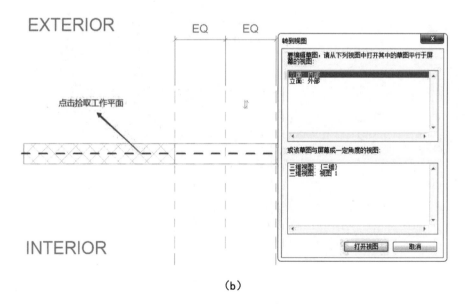

（b）

图 9-1-12　设置工作平面

④ 用绘图命令在立面图中绘制相应的形状,编辑"拉伸终点"和"拉伸起点",如图 9-1-13(a)所示,点击 ✔ 确认后,对应的平面图形状如图 9-1-13(b)所示,三维图如图 9-1-13(c)所示。

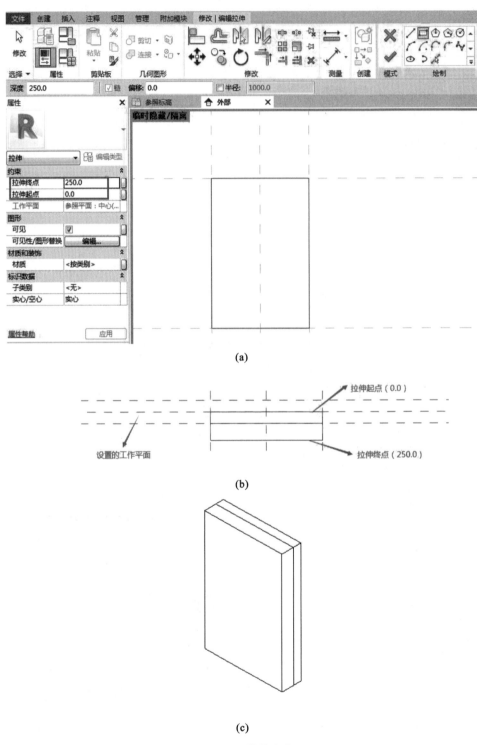

(a)

(b)

(c)

图 9-1-13 拉伸命令

4. 融合

实心融合用于创建实心三维形状,该形状将沿其长度发生变化,从起始形状融合到最终形状。该工具可以融合两个轮廓,例如,绘制一个六边形并在上方绘制一个圆形,将创建一个实心三维形状,将这两个草图融合。如图 9-1-14(a)所示,根据项目要求在立面设置工作平面,点击融合 ⬡,先拾取底部工作平面,视图转至楼层平面,绘制六边形,如图 9-1-14(b)所示,在"模式"面板中点击"编辑顶部",再点击"立面"中的"左",选取顶部工作平面,如图 9-1-14(c)所示,然后切换到天花板投影平面,绘制一个圆形,如图 9-1-14(d)所示,点击 ✅ 确认后,对应的三维图如图 9-1-14(e)所示。

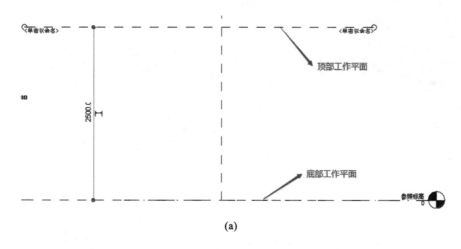

(a)

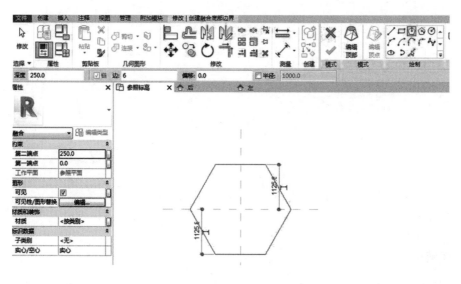

(b)

图 9-1-14　融合命令

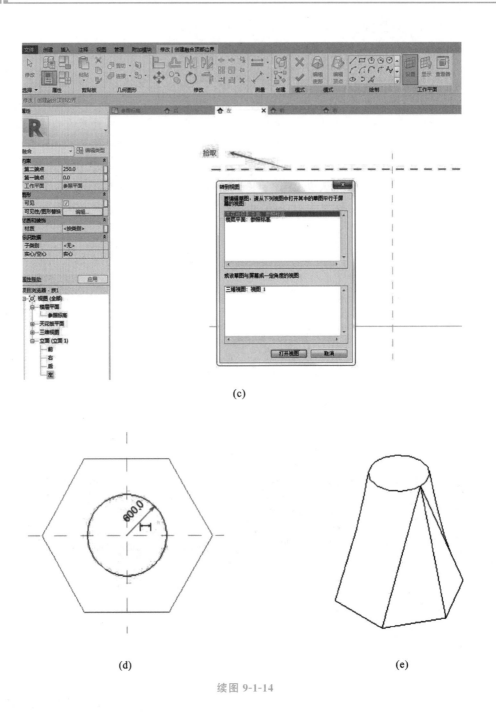

续图 9-1-14

5. 旋转

通过绕轴放样二维轮廓，可以创建三维形状。需要绘制轴和轮廓来创建旋转。如图 9-1-15(a)所示，点击"设置"，拾取工作平面，转到视图"立面：前"，打开视图，如图 9-1-15(b)所示，按照项目要求绘制好边界线，指定好轴线，点击 ✔ 确认后，对应的三维图如图 9-1-15(c)所示。

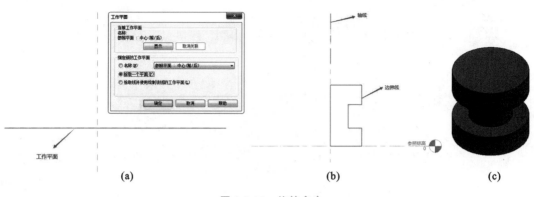

(a)　　　　　　　　　　　(b)　　　　　　　　　(c)

图 9-1-15　旋转命令

6. 放样

放样是指通过沿路径放样二维轮廓,用来创建三维形状。需要绘制路径和轮廓来创建放样。如图 9-1-16(a)所示,点击"绘制路径"或者"拾取路径",再点击 ✔ 完成编辑后,点击"放样"面板中的"编辑轮廓 📝",如图 9-1-16(b)所示,点击 ✔ 完成编辑后,再次点击 ✔ 退出编辑模式,对应的三维图如图 9-1-16(c)所示。

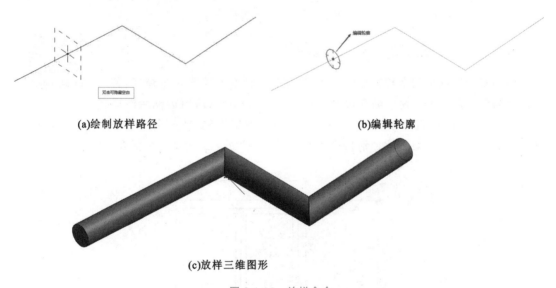

(a)绘制放样路径　　　　　　　　　　　　　　　**(b)编辑轮廓**

(c)放样三维图形

图 9-1-16　放样命令

7. 放样融合

放样融合用于创建一个融合,以便沿定义的路径进行放样。放样融合的形状由起始形状、最终形状和指定的二维路径确定。如图 9-1-17(a)所示,点击"绘制路径"或者"拾取路径",点击 ✔ 完成编辑后,再点击"放样"面板中的"选择轮廓 1""编辑轮廓 📝",如图 9-1-17(b)所示,绘制一个圆,点击 ✔ 完成编辑后,再点击"放样"面板中的"选择轮廓 2""编辑轮廓 📝",如图 9-1-17(c)所示,绘制一个五边形,点击 ✔ 退出编辑后,再点击 ✔ 退出编辑模式,对应的三维图如图 9-1-17(d)所示。

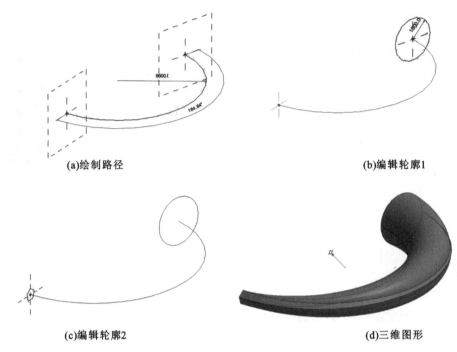

(a)绘制路径　　　　　　　　　　　(b)编辑轮廓1

(c)编辑轮廓2　　　　　　　　　　(d)三维图形

图 9-1-17　放样融合

9.1.4　实操实练——创建窗族

双扇推拉窗
族创建

　　请用基于墙的公制常规模型族模板,创建符合图 9-1-18 要求的窗族,各尺寸通过参数控制。该窗窗框断面尺寸为 60 mm×60 mm,窗扇边框断面尺寸为 40 mm×40 mm,玻璃厚度为 6 mm,墙、窗框、窗扇边框、玻璃全部中心对齐,并创建窗的平、立面表达。请将模型文件以"双扇窗.rfa"为文件名保存。

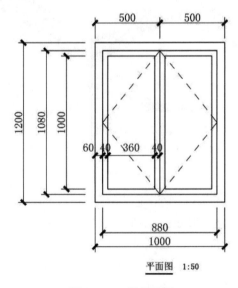

平面图　1:50

图 9-1-18　图纸示例

① 新建族,选择建筑样板,单击进入软件绘制界面,如图 9-1-19(a)所示。点击"属性"面板里的"族类别和族参数",在弹出的对话框中将族类别改为"窗",并单击"确定",如图 9-1-19(b)所示。

(a)选择"基于墙的公制常规模型"放样板

(b)修改族类别为"窗"

图 9-1-19　新建族文件设置

② 在项目浏览器中,展开立面目录,双击放置边名称进入立面视图,利用偏移命令,创建如图 9-1-20 所示的参照平面。

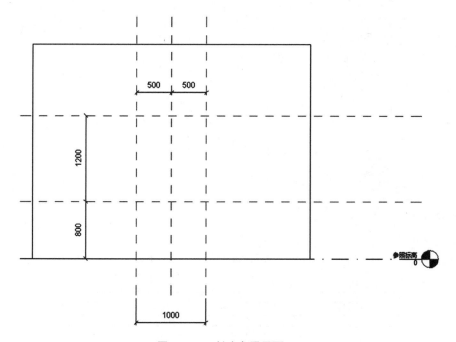

图 9-1-20　创建参照平面

③ 点击"创建"菜单下"模型"面板立面的"洞口",如图 9-1-21(a)所示,绘制图纸要求的窗洞,并锁定,对"确定"后的三维图形如图 9-1-21(b)所示。

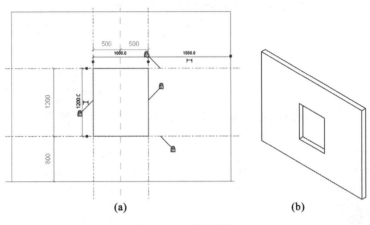

图 9-1-21 绘制窗洞

④ 因为图纸要求全部中心对齐,符合默认工作平面的情况,故无须重新拾取工作平面。如图 9-1-22 所示,绘制窗框时,应注意边界线均要锁定,点击"拉伸",设置拉伸起点为－30,拉伸终点为 30。

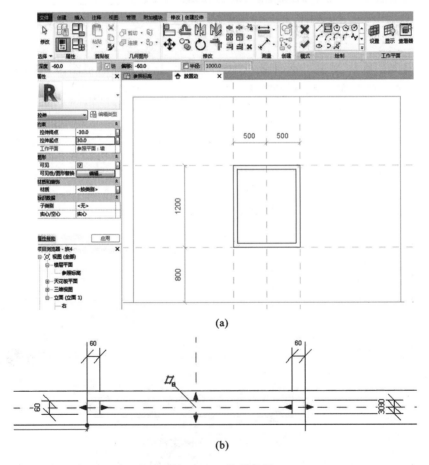

图 9-1-22 绘制窗框

⑤ 使用同样的方法绘制窗扇框,如图 9-1-23 所示,绘制时,同样应注意边界线均要锁定,点击"拉伸",设置拉伸起点为-20,拉伸终点为 20。

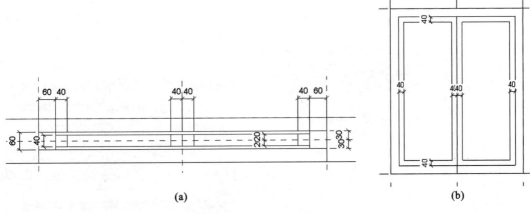

图 9-1-23　绘制窗扇框

⑥ 使用同样的方法绘制玻璃,如图 9-1-24 所示,绘制时,同样应注意边界线均要锁定,点击"拉伸",设置拉伸起点为-3,拉伸终点为 3。

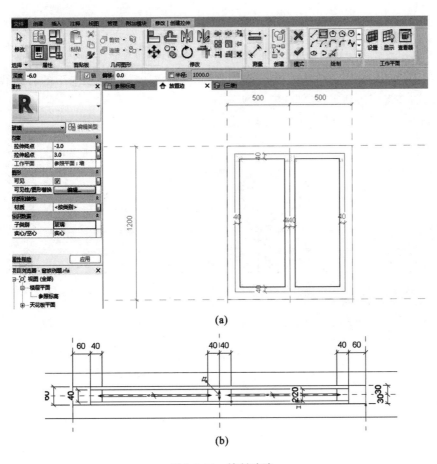

图 9-1-24　绘制玻璃

⑦ 将窗框、窗扇框、窗台高度等尺寸添加"标签尺寸标注",用于管理窗族参数,如图 9-1-25 所示。

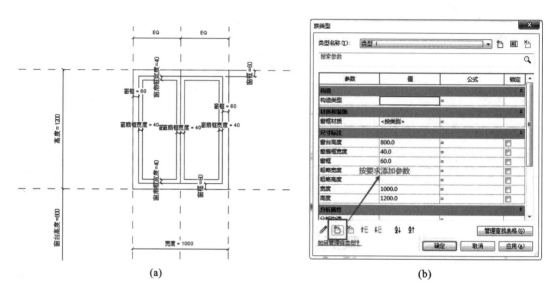

(a)　　　　　　　　　　　　(b)

图 9-1-25　添加族类型参数

⑧ 首先将窗族所有构件在"可见性/图形替换"里只勾选"前/后视图",使构件在平面上灰显,这一步的目的是使窗户在平面上只显示图例;再点击注释选项卡下的符号线-矩形命令绘制图例,并将四边锁定,如图 9-1-26 所示。

⑨ 按照要求,将文件保存到相应的位置。

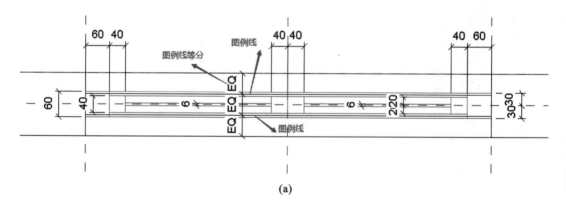

(a)

图 9-1-26　窗族在平立面的表达

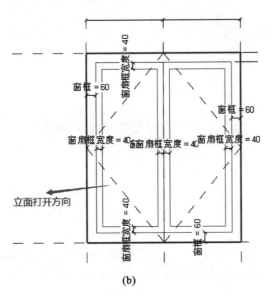

(b)

续图 9-1-26

9.1.5　真题实训

请按照图示尺寸要求新建名称为"组合窗"的族,并设置贴面材质为"默认",窗框材质为"铝合金",嵌板材质为"玻璃"。(第八期"全国 BIM 技能等级考试"一级模拟试题)

真题讲解
(组合窗族)

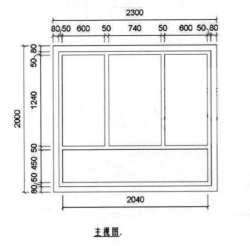

主视图.

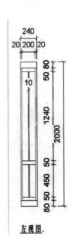

左视图.

9.2　体　　量

体量和族有着一定的区别,族通常是建筑小构件的参数化,而体量一般是对建筑物的形体分析、能耗分析等,偏重于建筑整体的分析。Revit 导入体量以后,很多建模命令可以拾取体量模型,例如建立幕墙系统、墙、楼板或者屋顶的时候,可以直接拾取,同时能解决 Revit 无法生成异形曲面墙等问题。

9.2.1 体量的类型

体量分为两种类型:内建体量(在项目内部)或概念体量(在项目外部)。

1. 内建体量

内建体量是在项目内创建的体量,是项目的一部分,可编辑体量形状、特有的结构及造型,但不能载入族样板,也不能在其他项目文件中使用。

【执行方式】

打开项目文件:"体量和场地"选项卡→"概念体量"面板→"内建体量"。

快捷键:无。

【操作步骤】

① 打开需要内建体量的项目,在"体量和场地"选项卡中的"概念体量"面板点击"内建体量 ⬚ ",如图 9-2-1 所示,根据需要,对新建体量命名。

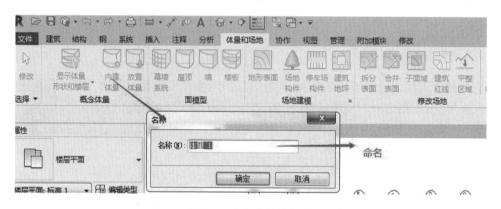

图 9-2-1　内建体量命令

② 点击"确定"后,进入体量的编辑界面,如图 9-2-2 所示。图中步骤说明如下:1→点击"模型"线,2→点击"内接正多边形",3→绘制内接正六边形,4→点击"创建形状"、选择"实心形状"。

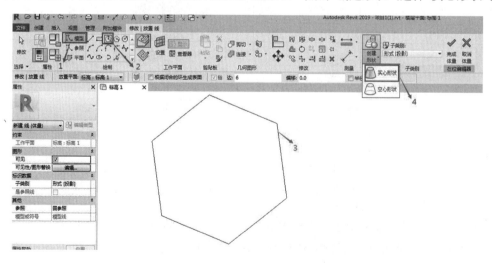

图 9-2-2　体量编辑界面

③ 点击 ✔ "完成体量"，创建的体量三维模型如图 9-2-3 所示。

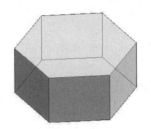

图 9-2-3 内建体量三维模型

2.概念体量

新建概念体量作为外部文件，可以被多个项目或族样板使用，它以单独形式存在，保存之后可以载入项目文件或者族样板中进行重复使用。在"公制体量.rft"创建的构件都是可载入体量的文件。

【执行方式】

Revit2020 界面："族"→"新建概念体量"→"选择样板文件"→"打开"。

快捷键：无。

【操作步骤】

① 打开 Revit2020，点击"族"里面的"新建概念体量"，打开"新概念体量-选择样板文件"对话框，选择"公制体量.rft"，点击打开，如图 9-2-4 所示。

图 9-2-4 "新建概念体量"界面

② 新建概念体量的编辑与内建体量一样，但如果需要载入项目中，需要点击如图 9-2-5 所示的"载入到项目"。

9.2.2 体量的形状

体量的绘制与族的操作差不多，形状类型包括表面形状、拉伸、

图 9-2-5 载入到项目

旋转、融合、放样。

1. 表面形状

表面形状指的是基于表面创建的非闭合轮廓（比如线或者边等）。

体量的
形状类型

【操作步骤】

如图 9-2-6 所示，在表面绘制非闭合线，然后选择线，点击"创建形状"中的"实心形状"，即完成表面形状的创建。

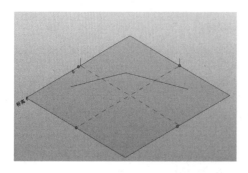

（a）绘制线

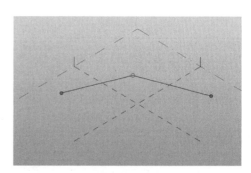

（b）选择线

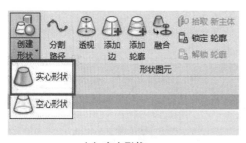

（c）实心形状

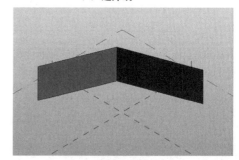

（d）创建的表面形状

图 9-2-6　创建表面形状

2. 拉伸

拉伸是指基于闭合轮廓或源自闭合轮廓的表面创建。

【操作步骤】

如图 9-2-7 所示，在表面绘制闭合轮廓线，然后选择轮廓，点击"创建形状"中的"实心形状"，可完成形状的拉伸。如图 9-2-8 所示，可以在立面视图上对拉伸的高度进行调整。

3. 旋转

旋转一般需要切换至对应的工作平面或立面视图，同时定义旋转轴，闭合的二维形状绕该轴旋转后形成三维形状。

【操作步骤】

如图 9-2-9 所示，切换至立面视图，在立面表面绘制闭合轮廓线和旋转轴，然后同时选择轮廓和旋转轴，点击"创建形状"中的"实心形状"，可完成形状的旋转。

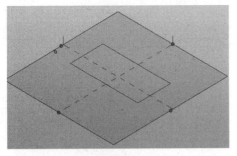

（a）绘制轮廓

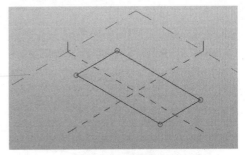

（b）选择轮廓

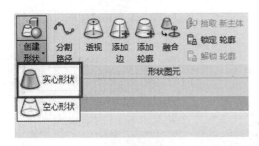

（c）实心形状

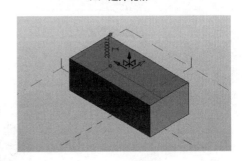

（d）创建的拉伸形状

图 9-2-7　创建拉伸形状

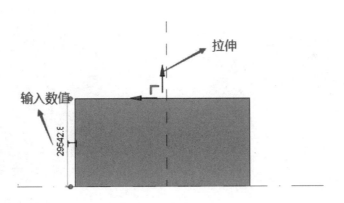

图 9-2-8　调整拉伸高度

4. 放样

放样要基于一个路径的二维轮廓来创建,需要定义路径和在路径上的一个平面绘制轮廓,然后单击"创建形状"。

【操作步骤】

如图 9-2-10 所示,可以按照要求在指定的工作平面上绘制工作路径和轮廓,也可点击"绘制"面板中的"点图元" ● ,在路径上指定一个工作面,在该工作面上绘制轮廓,然后同时选择路径和轮廓,点击"创建形状"中的"实心形状",可完成形状的放样。

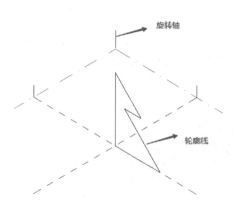

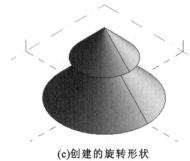

(a)绘制轮廓　　　　　　　(b)同时选择轮廓和旋转轴

(c)创建的旋转形状

图 9-2-9　旋转

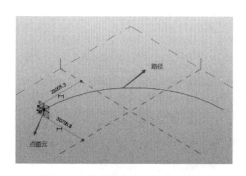

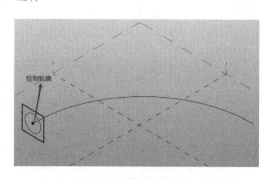

(a)绘制路径　　　　　　　(b)绘制轮廓

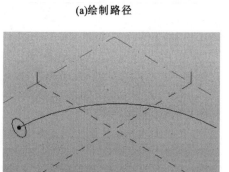

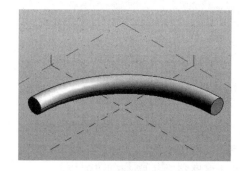

(c)同时选择轮廓和路径　　　　(d)创建的放样形状

图 9-2-10　放样

5. 融合

融合要基于一个路径的两个二维轮廓创建,需要定义路径和在路径上的轮廓,路径和轮廓可以是同一标高,也可以是不同标高,然后单击"创建形状"。

【操作步骤】

如图 9-2-11 所示,按照要求在指定的工作平面上绘制工作路径和轮廓 1 和轮廓 2,也可点击"绘制"面板中的"点图元"● ,在路径上指定一个工作面,在该工作面上绘制轮廓,然后同时选择路径和轮廓,点击"创建形状"中的"实心形状",可完成形状的融合。

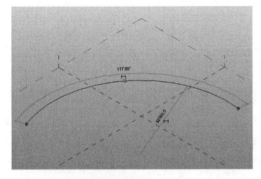
(a)绘制路径

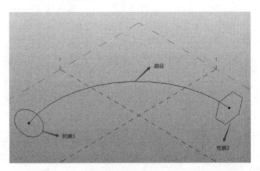
(b)绘制轮廓1和轮廓2

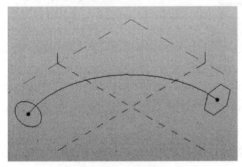
(c)同时选择轮廓和路径

(d)创建的融合形状

图 9-2-11　融合

9.2.3　实操实练——创建柱脚

柱脚的创建

如图 9-2-12 所示,根据给定的尺寸,用体量方式创建模型,整体材质为混凝土,请将模型以"柱脚"为文件名保存到指定位置。

绘图步骤如下。

① 打开 Revit2020,点击"族"里面的"新建概念体量",选择"公制体量"样板文件,点击"打开"。

② 点击"项目浏览器"中的"视图",打开"楼层平面",双击进入"标高 1"平面,如图 9-2-13(a)所示,绘制 5300 mm×4800 mm 的矩形。

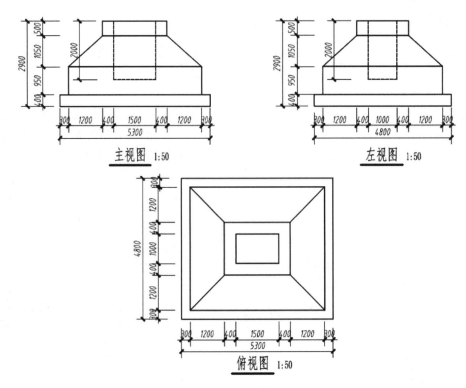

图 9-2-12　柱脚图例

③ 点击"创建形状"中的"实心形状",如图 9-2-13(b)所示,选择上表面,更改高度为400mm,然后点击"确认"。

④ 使用同样的方法,在"标高 1"平面上绘制矩形,可利用"绘制"中"矩形"命令,将偏移值改成"－300",捕捉原矩形的端点,快速绘制,然后点击"实心形状",将拉伸出的长方体的高度改为 1350 mm,如图 9-2-13(c)所示。

⑤ 如图 9-2-13(d)所示,切换到南立面视图,绘制一个距离为 1050 mm 的工作平面。点击"工作平面"面板中的"设置",拾取该工作平面,转至"楼层平面-标高 1"。

⑥ 如图 9-2-13(e)所示,在工作平面上绘制 2300 mm×1800 mm 的矩形,切换到三维视图,矩形 1 与矩形 2 应有 1050 mm 的高度差。

⑦ 如图 9-2-13(f)所示,同时选择矩形 1 和矩形 2,点击"创建形状"的"实心形状",绘制出四棱台。

⑧ 点击选中矩形 2,再点击"创建形状"的"实心形状",拉伸出长方体,同时修改高度为500 mm,如图 9-2-13(g)所示。

⑨ 切换到"标高 1"平面视图,点击"矩形"命令,绘制如图 9-2-13(h)所示的 1500 mm×1000 mm 的矩形,并点击"创建形状"的"空心形状",会形成一个长方体的差集。高度改为2000mm,修改高度时,应选择刚创建的空心形状,可利用 Tab 键进行切换。

⑩ 切换至南立面图,调整好空心形状的尺寸。点击"连接"命令,将图形连接好,如图 9-2-13(i)所示。

⑪ 选中柱脚模型,更改材质为"混凝土",完成创建,如图 9-2-13(j)所示。

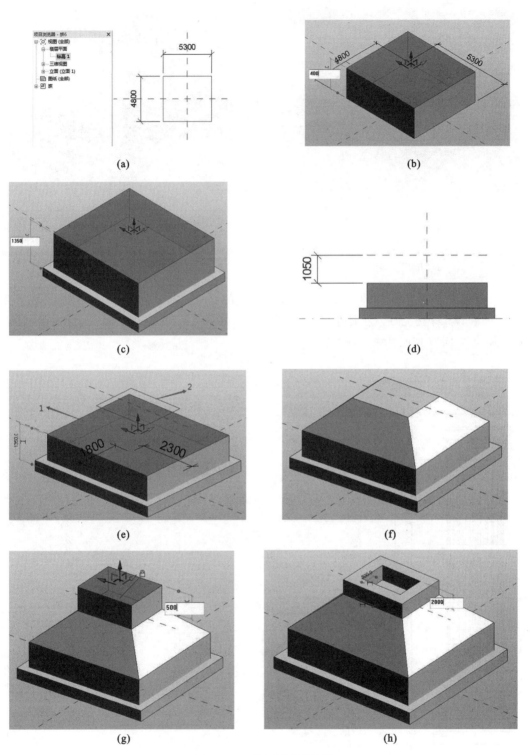

图 9-2-13   绘制"柱脚"体量

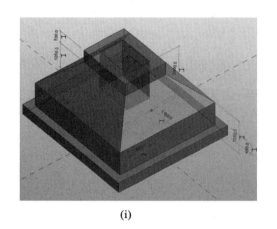

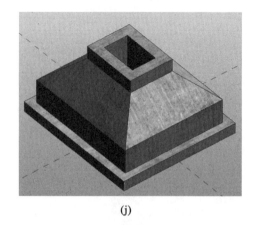

(i)   (j)

续图 9-2-13

9.2.4　真题实训

① 根据给定尺寸,用构建集形式建立陶立克柱的实体模型,并以"陶立克柱"为文件名保存到文件夹中。(第十期全国 BIM 技能等级一级考试)

真题讲解　　　　　真题讲解
（陶立克柱）　　　（混凝土桥面板）

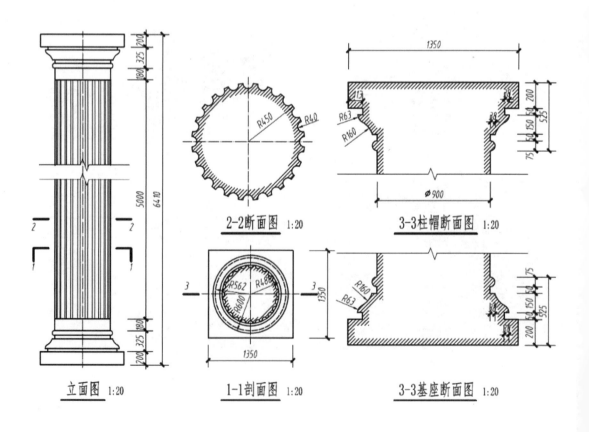

立面图 1:20　　　　1-1剖面图 1:20　　　　3-3基座断面图 1:20

2-2断面图 1:20　　　　3-3柱帽断面图 1:20

② 根据给定尺寸,用体量方式创建模型,整体材质为混凝土,并保存为"桥面板"。(第十一期全国 BIM 技能等级一级考试)

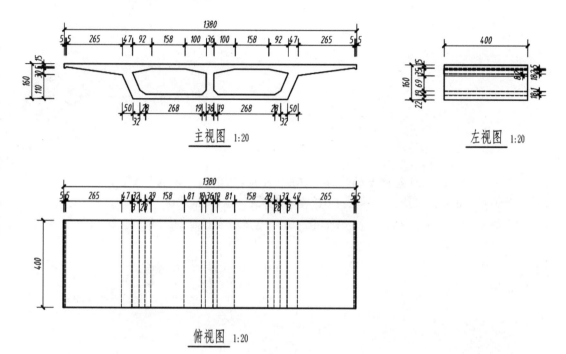

主视图 1:20   左视图 1:20

俯视图 1:20

参 考 文 献

［1］ 王岩,计凌峰.BIM 建模基础与应用［M］. 北京:北京理工大学出版社,2019.

［2］ 孙仲健.BIM 技术应用——Revit 建模基础［M］.北京:清华大学出版社,2018.

［3］ 肖春红.2015Autodesk Revit Architecture 中文版实操实练［M］.北京:电子工业出版社,2015.

［4］ 刘孟良.建筑信息模型(BIM):Revit Architecture 2016 操作教程［M］.长沙:中南大学出版社,2016.